植物景观

人居环境编委会　编著

中国大百科全书出版社

图书在版编目（CIP）数据

植物景观 / 人居环境编委会编著 . -- 北京 ： 中国
大百科全书出版社，2025. 1. --（人居环境）. -- ISBN
978-7-5202-1798-9

Ⅰ . TU986.2-49

中国国家版本馆 CIP 数据核字第 20245QE856 号

总 策 划：刘　杭　郭继艳
策划编辑：张志芳
责任编辑：李　娜
责任校对：梁嬿曦
责任印制：王亚青
出版发行：中国大百科全书出版社有限公司
地　　址：北京市西城区阜成门北大街 17 号
邮政编码：100037
电　　话：010-88390811
网　　址：http://www.ecph.com.cn
印　　刷：唐山富达印务有限公司
开　　本：710mm×1000mm　1/16
印　　张：10
字　　数：100 千字
版　　次：2025 年 1 月第 1 版
印　　次：2025 年 1 月第 1 次印刷
书　　号：ISBN 978-7-5202-1798-9
定　　价：48.00 元

总　序

　　这是一套面向大众、根植于《中国大百科全书》第三版（以下简称百科三版）的百科通俗读物。

　　百科全书是概要记述人类一切门类知识或某一门类知识的完备的工具书。它的主要作用是供人们随时查检需要的知识和事实资料，还具有扩大读者知识视野和帮助人们系统求知的教育作用，常被誉为"没有围墙的大学"。简而言之，它是回答问题的书，是扩展知识的书。

　　中国大百科全书出版社从 1978 年起，陆续编纂出版了《中国大百科全书》第一版、第二版和第三版。这是我国科学文化建设的一项重要基础性、标志性、创新性工程，是在百年未有之大变局和中华民族伟大复兴全局的大背景下，提升我国文化软实力、提高中华文化国际影响力的一项重要举措，具有重大的现实意义和深远的历史意义。

　　百科三版的编纂工作经国务院立项，得到国家各有关部门、全国科学文化研究机构、学术团体、高等院校的大力支持，专家、学者 5 万余人参与编纂，代表了各学科最高的专业水平。专家、作者和编辑人员殚精竭虑，按照习近平总书记的要求，努力将百科三版建设成有中国特色、有国际影响力的权威知识宝库。截至 2023 年底，百科三版通过网站（www.zgbk.com）发布了 50 余万个网络版条目，并陆续出版了一批纸质版学科卷百科全书，将中国的百科全书事业推向了一个新的高度。

　　重文修武，耕读传家，是我们中国人悠久的文化传承。作为出版人，我们以传播科学文化知识为己任，希望通过出版更多优秀的出版物来落实总书记的要求——推动文化繁荣、建设中华民族现代文明，努力建设中国式现代化强国。

为了更好地向大众普及科学文化知识，我们从《中国大百科全书》第三版中选取一些条目，通过"人居环境""科学通识""地球知识""工艺美术""动物百科""植物百科""渔猎文明""交通百科"等主题结集成册，精心策划了这套大众版图书。其中每一个主题包含不同数量的分册，不仅保持条目的科学性、知识性、准确性、严谨性，而且具备趣味性、可读性，语言风格和内容深度上更适合非专业读者，希望读者在领略丰富多彩的各领域知识之时，也能了解到书中展示的科学的知识体系。

衷心希望广大读者喜爱这套丛书，并敬请对书中不足之处给予批评指正！

《中国大百科全书》编辑部

"人居环境"丛书序

人居环境科学理论与实践是中国改革开放 40 周年的标志性成果之一。1993 年，吴良镛、周干峙与林志群在中国科学院技术科学部大会上提出建立"人居环境学"设想，将其作为一种以人与自然协调为中心、以居住环境为研究对象的新的学科群。2012 年，吴良镛获得 2011 年度国家最高科技奖，国家最高科学技术奖评审委员会评审意见认为："吴良镛院士是我国人居环境科学的创建者。他建立了以人居环境建设为核心的空间规划设计方法和实践模式，为实现有序空间和宜居环境的目标提供理论框架。"这意味着人居环境科学已得到学界的认可。

人居环境科学是涉及人居环境有关的多学科交叉的开放的学科群组。人居环境科学强调"建筑—城乡规划—风景园林"三位一体，作为人居坏境科学的核心，地理学、生态学、环境科学、遥感与信息系统等是与人居环境科学关系密切的外围学科，以上这些学科共同构成了开放的人居环境科学学科体系。可见，人居环境科学的融合与发展离不开运用多种学科的成果，特别要借重各自的相邻学科的渗透和展拓，来创造性地解决复杂的实践中的问题。

人居环境是人居环境科学理论与实践的研究对象，其建设意义重大。党的二十大报告将"城乡人居环境明显改善"列入全面建设社会主义现代化国家未来五年的主要目标任务。这充分体现了城乡人居环境建设在党和国家事业发展全局中的重要地位。为此，依托《中国大百科全书》

第三版人居环境科学（含建筑学、风景园林学、城乡规划学）、土木工程、中国地理、作物学等学科内容，编委会策划了"人居环境"丛书，含《中国皇家名园》《中国私家名园》《古建》《古城》《园林》《名桥》《山水田园》《亭台楼阁》《雕梁画作》《植物景观》十册。在其内容选取上，采取"点"与"面"相结合的方式，并注重"古与今""中与西"纵横两个维度，读者可从其中领略人居环境中蕴藏的文化瑰宝。

希望这套丛书能够让更多的读者进一步探索人居环境科学理论与实践体系！

人居环境丛书编委会

目 录

第3章 植物景观设计　57

第4章 树木造景　77

第5章 草坪地被 119

第1章

中国风景园林植物区域规划

以服务于城乡园林绿化建设为主要宗旨，在广泛掌握园林绿化植物资源的基础上，综合分析自然地理、气象、土壤、植被等区划条件，将全国划分为若干个分区，进行城市园林绿化植物区域规划。

◆ 沿革

风景园林植物区域规划是城乡园林绿化规划设计和建设的重要科学依据，可以为全国不同区域的城市绿地系统规划、风景园林规划设计、风景园林植物种类选择、植物景观规划设计等方面带来极大的便利，对城乡园林绿化及地域性植物景观的营造具有重要意义。应用风景园林植物区域规划，可以制定各地的园林苗木繁育规划以保证植物材料供应，对风景园林植物资源进行保护和合理的开发利用，进行科学合理的引种、驯化工作，选择和规划各地的主要、次要园林绿化树种及特色树种，制定园林绿化有关的政策、法规、导则，指导园林绿化建设，提高园林绿化建设水平。实际上，风景园林植物并不仅限于城市园林绿化，对全国的植树造林、国土绿化同样具有重要意义。中国园林绿化树种区域规划是风景园林植物区域规划最重要的组成部分，1983 年，城乡建设环境保护部下达了"中国城市园林树种区域规划"科研课题，由北京林业大学陈有民领衔，组织全国园林绿化相关高校、园林绿化研究机构和植物园，开展了中国园林绿化树种区域规划研究工作，1993 年完成课题研究，2006 年 2 月由中国建筑工业出版社出版了《中国园林绿化树种区域规划》专著。美国农业部很早就完成了北美木本植物耐寒分区，对北美的木本植物引种和应用发挥了非常重要的指导作用。2004 年，中国林业出版社出版了包志毅主译的《世界园林乔灌木》，参照美国的木本植物耐寒分区，组织国内专家专门绘制了中国的木本植物耐寒区划图，标出了书中 8500 多种园林乔灌木在中国的适用栽培范围。

◆ 分布

中国疆域辽阔，在约 960 万平方千米的陆地上，从东到西地势可分为三大台阶，即东部的大兴安岭、太行山、巫山、南岭至南海为界的大平原与丘陵地带，属第一台阶；向西及西北以昆仑山脉、祁连山脉及横断山脉为界的高原地带，属第二台阶；再向西则为自新生代强烈抬起达到海拔 4000 ～ 5000 米的青藏高原，属第三台阶。中国的气候，包括寒、温、热三带，又是典型的季风气候，并受青藏高原的巨大影响。中国的广大城镇就分布在这种经向、纬向、垂直向地带性差异很大的范围里，与世界其他国家相比较，有着更为复杂的因素，所以，中国园林绿化区域的划分极具中国特色。

植物的生长和分布主要受到降雨、温度、光照和土壤等生态因子的影响。从植物生长呈乔木生活型的自然分布而言，400 毫米降水量是个极为重要的分界点，400 毫米等降水量线将全国划分为东南湿润和西北干旱两大地域。温度是制约植物生长、生存和分布的极为重要的因子。

土壤对植物的生长和种类分布具有巨大作用。综合考虑自然环境中各种因素对植物生长发育和分布的影响，从城市园林绿化建设的现代化要求和当前科学技术、经济发展的情况而言，有些自然因素是较易改变的，有些则不易改变。例如在干旱地区进行大面积的灌溉，在城市土壤不良处进行大规模的土壤改良，甚至应用人工土壤，是可行的；但综观世界各国城市园林绿化建设，对温度因素尚无法进行大面积控制。

◆ **分区**

在综合考虑分析中国的气候、土壤、植被及园林绿化特点的基础上，陈有民根据中国 689 个气象台站 30 年的观测资料进行数据处理和图上作业，将中国划分为 10 个大区，对一些大区又依地域特点划分为几个分区，全国共 20 个分区。各大区是以影响树木生存的平均极端最低气温等值线为界限按地理位置划分的：①I 寒温带绿化区。平均极端最低气温低于 -40℃，包含 I_1 大兴安岭及小兴安岭北部分区。②II 温带绿化区。平均极端最低气温为 -40 ～ -30℃，本区内含 II_1 东北中部平原及山地分区、II_2 北蒙分区、II_3 北疆分区 3 个分区。③III 北暖温带绿化区。平均极端最低气温为 -30 ～ -20℃，本区内含 III_1 东北南部平原及华北北部山地、高原分区，以及 III_2 大西北分区（蒙、宁、甘、疆分区）两个分区。④IV 中暖温带绿化区。平均极端最低气温为 -20 ～ -15℃，包含 IV_1 华北北部平原及黄土高原分区。⑤V 南暖温带绿化区。平均极端最低气温为 -15 ～ -10℃，包含 V_1 华北南部平原、秦岭北部及川北分区。⑥VI 北亚热带绿化区。平均极端最低气温为 -10 ～ -5℃，包含 VI_1 华中北部（平原、丘陵及秦巴）地区。⑦VII 中亚热带绿化区。平均极端

最低气温为 $-5 \sim 0℃$，包含Ⅶ₁华中南部（东南丘陵、四川盆地、云贵高原）分区。⑧Ⅷ南亚热带绿化区。平均极端最低气温为 $0 \sim 5℃$，本区内含Ⅷ₁华南分区、Ⅷ₂台湾北部分区两个分区。⑨Ⅸ热带绿化区。平均极端最低气温为 $> 5℃$，本区内含Ⅸ₁台湾南部分区、Ⅸ₂广东南端及海南岛分区、Ⅸ₃滇西南部分区、Ⅸ₄南海诸岛分区 4 个分区。⑩Ⅹ青藏高原绿化区。本区内依上述的平均极端最低气温标准，含 4 个分区。Ⅹ₁青藏温带及寒漠分区，平均极端最低气温低于 $-30℃$；Ⅹ₂青藏北暖温带及寒漠分区，平均极端最低气温为 $-30 \sim -20℃$；Ⅹ₃青藏中暖温带及寒漠分区，平均极端最低气温为 $-20 \sim -15℃$；Ⅹ₄青藏南暖温带及寒漠分区，平均极端最低气温为 $-15 \sim -10℃$。

西南地区园林植物

西南地区园林植物是指中国西南地区用于园林配置的植物种类。

中国西南地区依据地理区划，包括青藏高原东南部、四川盆地及云贵高原大部；依据行政区划，包括四川省、云南省、贵州省、重庆市及西藏自治区，共三省一市一区，总面积达 250 万平方千米。该区域地形复杂、气候多变。大部分地区水热条件优越、雨量充足，江河、林木、牧草资源丰富，拥有大面积高山区、草场及常年生林木、牧草，无霜期长。与地形区域相对应，西南地区气候主要分为 3 类，即四川盆地湿润北亚热带季风气候、云贵高原低纬高原中南亚热带季风气候、高山寒带气候与立体气候分布区。此外，本区南端还分布有少部分热带季雨林气候区，干、湿季分明。

常用乔木：苏铁、雪松、日本五针松、马尾松、侧柏、柏木、圆柏、红豆杉、乐昌含笑、樟、天竺桂、紫楠、银桦、桉、黄金串钱柳、银杏、水松、鹅掌楸、二球悬铃木、杜仲、榆树、朴树、黄葛树、枫杨、桤木、喜树、灯台树、重阳木、山玉兰、广玉兰、白玉兰、二乔玉兰、深山含笑、木棉、木芙蓉、红花羊蹄甲、长叶白千层、木樨、蓝花楹、枇杷、红豆树、蒲桃、香橼、柚、桑、构树、胡桃、柿、苹果。

常用灌木：铺地柏、紫叶小檗、十大功劳、阔叶十大功劳、海桐、紫玉兰、蜡梅、牡丹、木槿、绣球、红花檵木、凤尾丝兰、细叶丝兰、叶子花、山茶、南天竹、乌柿、火棘、枸骨。

常用藤本：地锦、常春藤、络石、扶芳藤、铁线莲、藤本蔷薇、木香花、香花崖豆藤、紫藤、凌霄、忍冬、羽叶茑萝、夜来香、常春油麻藤、蓝花丹、中华猕猴桃、葡萄、观赏葫芦、观赏南瓜。

东北地区园林植物

东北地区园林植物是指中国东北地区用于园林配置的植物种类。

东北地区自南向北跨中温带与寒温带，属温带季风气候，四季分明，夏季温热多雨，冬季寒冷干燥。在此地区，典型植被包含南寒温带落叶针叶林、温带针阔混交林及中温带草原区域东北部的森林草原地带。

常用乔木：樟子松、油松、黑松、华山松、红松、红皮云杉、云杉、青杆、白杆、臭冷杉、辽东冷杉、兴安桧、丹东桧、翠柏、圆柏、侧柏、落叶松、银杏、栾树、臭椿、榆树、大果榆、山楂、国槐、刺槐、红花刺槐、梓树、枫杨、白蜡、花曲柳、水曲柳、杜仲、元宝枫、茶条槭、复叶槭、馒头柳、旱柳、垂柳、绦柳、小青杨、小叶杨、银中杨、新疆杨、白桦、七叶树、蒙古栎、槲栎、暴马丁香、紫椴、糠椴、紫叶李、胡桃楸、黄檗、花楸、水榆花楸、沙枣、山荆子、文冠果。

常用灌木：紫丁香、小叶丁香、辽东丁香、长白忍冬、蓝靛果忍冬、榆叶梅、毛樱桃、金露梅、银露梅、黄刺玫、珍珠梅、珍珠绣线菊、日本绣线菊、金焰绣线菊、金山绣线菊、柳叶绣线菊、树锦鸡儿、天目琼花、兴安杜鹃、大花溲疏、东北山梅花、锦带花、红瑞木、大花圆锥绣球、东北茶藨子、紫穗槐、胡枝子、连翘、水蜡、紫叶小檗、细叶小檗。

常用藤本：爬山虎、五叶地锦、紫藤、凌霄、山葡萄、东北铁线莲、南蛇藤、金银花、葛藤、北五味子。

华北地区园林植物

华北地区园林植物是指中国华北地区用于园林配置的植物种类。

华北地区属温带季风气候，夏季高温多雨，冬季寒冷干燥。在此地区，典型植被是落叶阔叶林。

常用乔木：银杏、白皮松、油松、侧柏、雪松、落叶松、圆柏、水杉、冷杉、青扦、白扦、洋白蜡、一球悬铃木、千头臭椿、臭椿、玉兰、旱柳、毛白杨、加杨、刺槐、龙爪槐、国槐、榆树、栾树、毛泡桐、黄金树、梓树、楸树、暴马丁香、山桃、白花山碧桃、鹅掌楸、杏、东京樱花、杜仲、蒙椴、丝棉木、柿树、香椿、紫叶李、山楂、花楸、木瓜、西府海棠、皂荚、四照花、沙枣、枣、黄栌、元宝枫、七叶树。

常用灌木：铺地柏、沙地柏、矮紫杉、三裂绣线菊、珍珠梅、月季、黄刺玫、棣棠、鸡麻、毛樱桃、榆叶梅、平枝枸子、多花枸子、火棘、贴梗海棠、蜡梅、紫荆、紫穗槐、太平花、溲疏、红瑞木、糯米条、猬实、锦带花、海仙花、香荚蒾、木本绣球、天目琼花、接骨木、金银木、黄杨、卫矛、大叶黄杨、胡颓子、迎春、紫丁香、连翘、小紫珠、牡丹、小檗、紫薇。

常用藤本：木香、紫藤、常春藤、金银花、猕猴桃、葡萄、爬山虎、凌霄、山葡萄、葛藤、三叶木通、藤本月季、扶芳藤、胶东卫矛。

华东地区园林植物

华东地区园林植物是指中国华东地区用于园林配置的植物种类。

华东地区属亚热带气候，温暖湿润，地形多变，植物种类丰富。在此地区，植被的类型是常绿阔叶树与落叶阔叶树混交型。

常用乔木：银杏、雪松、金钱松、江南油杉、湿地松、黑松、日本五针松、龙柏、柏木、侧柏、圆柏、水杉、落羽杉、池杉、柳杉、罗汉松、南方红豆杉、榉树、加杨、垂柳、旱柳、南川柳、枫杨、薄壳山核桃、麻栎、青冈、石栎、朴树、珊瑚朴、椰榆、糙叶树、榉树、构树、桑树、柘树、杂交鹅掌楸、广玉兰、白玉兰、二乔玉兰、乐昌含笑、香樟、紫楠、枫香、杜仲、二球悬铃木、石楠、梅花、碧桃、紫叶李、日本晚樱、东京樱花、合欢、楝树、香椿、重阳木、乌桕、南酸枣、黄连木、七叶树、无患子、黄山栾树、秃瓣杜英、女贞、桂花、棕榈、山茶花、鸡爪槭、红枫、柿树。

常用灌木：牡丹、紫叶小檗、三颗针、十大功劳、阔叶十大功劳、南天竹、紫玉兰、含笑、蜡梅、夏蜡梅、八仙花、海桐、小叶蚊母树、红花檵木、红叶石楠、火棘、月季、菱叶绣线菊、喷雪花、紫荆、决明、山麻杆、接骨木、大叶黄杨、黄杨、构骨、卫矛、木芙蓉、茶梅、木槿、金丝桃、结香、胡颓子、八角金盘、熊掌木、红瑞木、洒金珊瑚、杜鹃、紫金牛、金钟花、云南黄馨、金叶女贞、醉鱼草、夹竹桃、枸杞、细叶水团花、栀子、六月雪、大花六道木、海仙花、凤尾兰。

常用藤本：爬山虎、五叶地锦、中华常春藤、络石、葡萄、猕猴桃、薜荔、凌霄、金银花、铁线莲、木通、南五味子、木香、藤本月季、紫藤、常春油麻藤、扶芳藤、茑萝、牵牛花。

华南地区园林植物

华南地区园林植物是指中国华南地区用于园林配置的植物种类。

华南地区高温多雨，四季常绿，属热带—亚热南带区域。在此地区，植物生长茂盛，种类繁多，有热带雨林、季雨林和南亚热带季风常绿阔叶林等地带性植被。

常用乔木：南洋杉、樟树、阴香、天竺桂、白千层、蒲桃、台湾相思、小叶榕、大叶榕、高山榕、垂叶榕、白兰、大叶杜英、广玉兰、竹柏、红花羊蹄甲、南洋楹、银桦、桃花心木、杧果、龙眼、盆架子、洋紫荆、荔枝、人心果、小叶榄仁、蓝花楹、刺桐、人面子、木棉、美丽异木棉、凤凰木、大叶紫薇、鸡蛋花、椰子树、假槟榔、大王椰子、皇后葵、蒲葵、董棕、鱼尾葵、散尾葵、加拿利海枣、三药槟榔、老人葵、狐尾椰子、棕榈、旅人蕉、柠檬桉、菩提树、红豆杉、罗汉松、落羽杉、池杉、番木瓜、萍婆、秋枫、串钱柳、黄花风铃木、合欢、腊肠树、无忧花、火焰木、四季桂、木麻黄。

常用灌木：夹竹桃、黄花夹竹桃、黄蝉、软枝黄蝉、海桐、山茶、茶梅、金花茶、福建茶、含笑、八角金盘、红叶石楠、南天竹、阔叶十大功劳、洒金珊瑚、红花檵木、云南黄馨、栀子花、变叶木、鹅掌柴、扶桑、假连翘、九里香、苏铁、双荚决明、金凤花、龙舌兰、红背桂、茉莉、龙船花、虎刺梅、龙吐珠、金脉爵床、红桑、虾子花、红千层、萼距花、鸡冠刺桐、三角梅、米兰、朱蕉、琴叶珊瑚、朱缨花。

常用藤本：炮仗花、使君子、锦屏藤、爬山虎、凌霄、西番莲、禾雀花、鸡血藤、扶芳藤、薜荔、大花老鸦嘴、绿萝、鹰爪花、珊瑚藤、紫藤。

华中地区园林植物

华中地区园林植物是指中国华中地区用于园林配置的植物种类。

华中地区气候以秦岭—淮河为分界线，淮河以北为温带季风气候，以南为亚热带季风气候，降雨集中于夏季，冬季北部常有大雪。在此地区，气候温暖湿润、地形多变，故植物种类丰富。

常用乔木：雪松、马尾松、湿地松、黑松、圆柏、龙柏、侧柏、罗汉松、水杉、水松、落羽杉、池杉、金钱松、樟树、广玉兰、白玉兰、鹅掌楸、深山含笑、女贞、桂花、棕榈、石楠、冬青、二乔玉兰、合欢、三角枫、鸡爪槭、银杏、国槐、刺槐、黄檀、重阳木、枫杨、枫香、喜树、珊瑚朴、朴树、小叶朴、榉树、乌桕、法桐、英桐、柞树、南酸枣、皂荚、栓皮栎、麻栎、青冈栎、山茶、紫薇、泡桐、七叶树、胡桃、日本晚樱、丝棉木、加杨、复羽叶栾树、无患子、旱柳、垂柳、香椿、臭椿、梅花、梧桐、黄连木。

常用灌木：十大功劳、铺地柏、苏铁、南天竹、杜鹃花、结香、胡枝子、山麻杆、云南黄馨、四照花、木芙蓉、垂丝海棠、榆叶梅、棣棠、紫荆、白鹃梅、山梅花、火棘、溲疏、紫薇、珍珠梅、栀子花、灰栒子、荚蒾、山茶、蜡梅、红花檵木、金叶女贞、小叶女贞、六月雪、小叶黄杨、大叶黄杨、枸骨、龟甲冬青、豪猪刺、含笑、海桐、夹竹桃。

常用藤本：常春藤、紫藤、葡萄、爬山虎、凌霄、清风藤、三叶木通、扶芳藤、南蛇藤、猕猴桃、络石、常春油麻藤、木香、铁线莲、薜荔、香花崖豆藤。

西北地区园林植物

西北地区园林植物是指中国西北地区用于园林配置的植物种类。

西北地区仅东南部少数地区为温带季风气候，其他的大部分地区为温带大陆性气候和高寒气候，冬季寒冷，夏季炎热，降水稀少且自东向西呈递减趋势。气候干旱，气温的日较差和年较差都很大。

常用乔木：银杏、油松、雪松、白皮松、樟子松、云杉、青海云杉、青杆、侧柏、桧柏、千头柏、刺柏、龙柏、华北落叶松、白蜡、臭椿、柽柳、国槐、刺槐、龙爪槐、红花槐、合欢、旱柳、垂柳、馒头柳、胡杨、毛白杨、新疆杨、银白杨、青杨、山杨、沙枣、二球悬铃木、西府海棠、山桃、杜梨、碧桃、红叶李、山楂、苹果、山荆子、栾树、泡桐、大叶榆、榆树、大果榆、白玉兰、五角枫、复叶槭、火炬树、丝棉木、核桃、蒙古栎、辽东栎、山杏、白桦、红桦、文冠果、暴马丁香。

常用灌木：紫丁香、榆叶梅、玫瑰、月季、连翘、迎春花、黄刺玫、紫叶小檗、金叶女贞、小叶黄杨、珍珠梅、贴梗海棠、铺地柏、紫玉兰、木槿、牡丹、金银木、鞑靼忍冬、大叶黄杨、红瑞木、平枝栒子、紫叶矮樱、棣棠、紫薇、多花胡枝子、兴安胡枝子、荆条、沙棘、柠条、梭梭、锦鸡儿、沙拐枣、金露梅、银露梅、卫矛、沙冬青、胡颓子、接骨木、土庄绣线菊、锦带花、紫穗槐。

常用藤本：爬山虎、五叶地锦、紫藤、山荞麦、葡萄、猕猴桃、金银花、南蛇藤、扶芳藤、藤本月季、盘叶忍冬。

第 2 章

风景园林植物类别

药用植物

药用植物指在医学上用于防病、治病的植物。

药用植物的植株的全部或部分供药用，或作为制药工业的原料。广义而言，药用植物还可包括用作营养剂、嗜好品、调味品、色素添加剂及农药和兽医用药的植物资源。很多药用植物兼有食用价值和观赏价值，在观光农业、植物造景和家庭园艺中具有重要的作用。

◆ 典籍和种质资源

中国药用植物的发现、使用和栽培有着悠久的历史。中国史料中曾有"伏羲尝百药""神农尝百草，一日而遇七十毒"等记载。《诗经》和《山海经》中记录了50余种药用植物。成书于秦汉的《神农本草经》是现存最早的中药学著作，记载药物365种，其中植物药252种。汉代张骞出使西域后，外国的药用植物如红花、石榴、胡桃、蒜等也相继传到中国。此后，著名的本草书籍有梁代陶弘景的《本草经集注》、唐代苏敬等的《新修本草》、宋代唐慎微的《经史证类备急本草》等。到明代，李时珍《本草纲目》收载的植物类药已达1200多种，是中国药学典籍的集大成之作。

中国地域辽阔，是世界上药用植物资源最丰富的国家之一。20 世纪 80 年代，中国进行了全面系统的资源调查。统计全国的药用植物资源种类包括 383 科 2309 属 11146 种，其中，藻类、菌类、地衣类低等植物有 459 种，苔藓、蕨类、种子植物类有 10687 种。临床常用的植物药材有 700 多种，传统中药材的 80％为野生植物资源，部分为中国所特有，如人参、杜仲和银杏等。

◆ **观赏栽培与园林应用**

药用植物的根、茎、叶、花、果往往具有较好的观赏价值，可广泛应用于观赏性栽培或园林植物造景。事实上，很多观赏植物正是在对食用、药用植物的长期栽培过程中逐渐筛选得到的。如藿香、薄荷、紫苏、红花、菊花、黄精、麦冬、延胡索、迷迭香、芒萁等均具有美丽的花朵或叶片，且植株相对低矮，可用于盆栽或园林地被植物；牡丹、芍药、百合、黄芪、枸杞、佩兰、接骨木、菘蓝、贯众等亦可盆栽，且因植株相对高大，可用于组群栽植或花境配置；忍冬、凌霄和紫藤等可用于垂直美化；杜仲、银杏、红豆杉、安息香、木瓜、厚朴、山茱萸、肉桂、月桂、白兰花等均为乔木类药用植物，可以用作行道树、庭荫树或呈组群配置，营造令人心旷神怡的观花、观果或秋色叶植物景观；睡莲、莲、菖蒲、泽泻、千屈菜、水葱等用于水生或沼生栽培；另有一些较为珍稀或娇贵的药用植物，如人参、天麻、黄连、大叶金腰和兰科药用植物等可盆栽观赏。

◆ **专类园**

简称药用植物园，是展示植物药用和观赏价值的重要专类花园，也是集中展示药用植物魅力的重要形式。往往通过花园设计的手法，将具有观赏价值的药用植物布置于一定的区域，供收集、展示和普及中药学的知识及传统文化，并兼具观赏和游览功能。中国具有代表性的药用植物园有北京药用植物园、广西药用植物园和贵阳药用植物园等。

药用植物专类园常作为植物园、综合性公园中的园中园，也可以独立设置于城镇、风景区，或在花园中专辟一区进行小范围布置。在药用植物园内，应将乔木类、灌木类、地被类、藤本类合理配置，按照观花、观叶、观果等营造出生动的药用植物观赏价值和景观效果。配置药用植物时，往往依据不同的药用价值，如解表类、化痰止咳类、祛风湿类、利尿逐水类、理气活血类、驱虫类等予以分类，条理清晰地展示植物的药用科普知识。不同地区的药用植物园，以展示当地药用植物为主，如中国华北、江南、华南和西南地区的药用植物园均有风格迥异的景观，部分地区还建立了少数民族药用植物园。

药用植物园内亦可布置雕塑（如李时珍等著名医药学家）、浮雕、置石、亭廊、花架等景观元素，以及特殊的铺装或地被景观效果（如太极和八卦）。面积较大的药草园还可设置如本草馆等建筑，展示文字、图片、标本、实物等资料，普及科学文化知识。

蕨类植物

蕨类植物指高等植物中较为低级且不开花的一个类群。又称羊齿植物。

蕨类植物以其优美奇特的叶形姿态和广泛的生态适应性，一直受到各国人民的喜爱，作为观赏植物予以栽培和应用具有悠久的历史。

蕨类植物具有独立生活的配子体（原叶体）和孢子体。孢子体有根、茎、叶之分，形态特征千变万化。孢子体生有多数孢子囊，孢子囊内生孢子，成熟后散布出来，落地萌发生长成为原叶体，即为配子体。孢子世代的孢子体和配子世代的配子体相互交替一次，就完成了蕨类植物的生活周期。

全球约有蕨类植物 1.2 万种，以热带和亚热带为分布中心。中国是世界上蕨类植物资源最丰富的地区之一，已知有 2400 余种，半数以上为中国特有种或特有属，多分布于西南、华南和江浙地区。20 世纪 80 年代，中国科学院华南植物园建立了中国第一个蕨类植物专类园。

蕨类植物

蕨类植物被称为花园的"羽毛"，无花也动人。其主要观赏部位为孢子体，可进一步细分为观叶蕨类、观芽蕨类、观根蕨类、观孢子囊群蕨类、观叶柄蕨类、观株形蕨类等。按照生长方式不同，亦可分为地生蕨类、附生蕨类、石生蕨类和水生蕨类等。常用的观赏蕨类有肾蕨属、铁线蕨属、鹿角蕨属、巢蕨属（Neottopteris）、卷柏属等，可广泛用于园林绿地或室内装饰。如肾蕨、芒萁、里白，可群植或片植用作园林地被；鹿角蕨、巢蕨等附生蕨类栽植于枯枝或树干上，可形成别有趣味的附生植物景观；铁角蕨、银粉背蕨、石韦等可点缀园林石景；铁线蕨、杯盖阴石蕨、荷叶铁线蕨可用于室内悬挂式栽植或盆景式栽植；部分乔木类蕨类植物如桫椤科植物，可点植、丛植于绿地或庭院，带来柔美细腻的乔木小组群景观。

地被植物

地被植物指能覆盖地面的低矮植物，即自然生长高度在 1 米以下，最下分枝较贴近地面，成片种植后枝叶密集，能较好地覆盖地面，形成一定的景观效果，并具较强扩展能力的植物。

地被植物以草本、蕨类为主，也包括小灌木和藤本。园林上常应用于大面积裸露平地或坡地，也常用于林下空地。

园林地被植物不同于植物学意义上的地被（苔藓、地衣等）。广义的地被植物包括草坪植物，但由于草坪植物独特的生长与生态习性，地被植物通常不包括草坪植物，即狭义的概念。其他国家有学者明确将草坪植物排除在地被植物之外，草坪植物只表现绿色或黄褐色，而地被植物通过合理的配置可以展示出丰富多彩的层次结构和季相变化。

关于地被植物"低矮"的概念，中外有很多不同的观点。美国的 D. 麦肯齐将地被植物的株高定为 2.5 厘米～ 1.2 米。中国学者通常将地被植物的高度标准定为 1 米以下。有些植物在自然生长条件下株高超过 1 米，因其具有耐修剪或苗期生长缓慢的特点，通过人为干预，可以将高度控制在 1 米以下，部分园林工作者也将这些植物当作地被植物。

◆ 分类

按生物学特性的不同，地被植物可以分为以下几类。①草本地被植物。包括一二年生草本（如金鸡菊、二月兰等）和多年生球宿根草本（如葱兰、玉簪、麦冬、石蒜、虎耳草等）。有些具有自播繁衍能力的一二年草本植物，同样能起到草本地被的作用。②木本地被植物。在矮性灌木中，尤其是一些枝叶特别茂密、丛生性强，有些甚至呈匍状、铺地速度快的植物，或是极耐修剪、能控制其高度的植物，如平枝栒子、微型月季、龟甲冬青、小叶黄杨、大叶黄杨等。③藤本地被植物。很

金鸡菊

多木质和草质藤本能被用作地被栽植，效果甚佳，如常春藤、地锦、连钱草、金银花、络石等。④蕨类地被植物。如荚果蕨、铁线蕨、肾蕨、凤尾蕨等，大多数喜阴湿环境，是园林绿地林下的优良耐阴地被材料，在气候适宜地区可广泛应用。⑤竹类地被植物。在竹类资源中，茎干比较低矮、养护管理粗放的可用作地被植物，如倭竹、菲白竹、菲黄竹、翠竹等。

⑥观赏草类地被植物。以叶序、花序为主要观赏部位的禾本科或莎草科植物称为观赏草。其中部分种类的植株低矮、茎叶密集，易丛生扩展覆盖地面，且适应性强、管理粗放，可作为优良的地被植物，如细茎针茅、蓝羊茅、东方狼尾草、小盼草、金叶苔草、棕红苔草、灯心

草等。⑦多肉类地被植物。适应性强、茎叶茂密、自繁迅速的多肉多浆植物种类，由于株高低矮，叶色、叶形变化丰富，适合用于地被栽植，如佛甲草、薄雪万年草、八宝景天、圆叶景天、东南景天等，并具有良好的景观效果。

根据生态习性分类，有阳生地被、阴生地被、旱生地被、湿生地被等。根据其观赏特性分类，则可分为观花地被、观叶地被、观果地被、香花地被等，或兼具两种

多肉植物

观赏特性。中国有学者结合地被植物的生物学特性和园林应用两方面，兼顾科学性和应用性，将园林地被植物分为以下 8 大类，即阴生地被、阳生地被、观花地被、彩叶地被、藤蔓地被、湿生地被、观赏草地被、野生地被。

◆ **景观功能**

地被植物具有独特的景观功能。在园林中，地被植物可暗示空间边界，装饰不同类型的园林景观。在草坪边缘，常种植地被植物作为草坪边缘的标志，同时可以增加空间立体感；花园边缘种植地被植物，可以勾勒出花园边缘空间，令其生机盎然；山石边缘种植地被植物，可以衬托山石的形体，彰显山石的特性；水体边缘种植耐水湿的地被植物，则可以美化水体景观，增加水体的灵性。地被植物能吸引游人的注意力。

在园林设计中，多采用地被植物自身所具有的色彩、质地等观赏特性与周围园林植物形成对比，或利用单一地被植物烘托主体，以抓住游人的视线。观花地被、彩叶地被及质感特异的地被植物，均可达到此类效果。

◆ **生态效应**

地被植物由于其适应性强、生长迅速、覆地效果好，在各类园林绿地中均能发挥重要的生态效应，如固土护坡、保持水土，清新空气、消除噪声，调节湿度、降低温度，提高绿化率、增加单位面积的叶面积指数，以及提高光能利用效率等。因此，地被植物是现代城市绿化造景的主要材料之一，是园林植物群落的重要组成部分，通常在乔木、灌木和草坪组成的植物群落之间起着承上启下的作用，具有重要的生态和景观价值。

耐水湿植物

耐水湿植物指在较长时间内能生长于因水分充足而缺氧土壤中的植物。

耐水湿植物耐水湿的时间因种类和季节的不同而异，与湿生植物的区别是不能长期生长于因水分充足而缺氧的土壤中，有些种类同时具有一定的抗旱性能。此类植物适宜栽培于季节性淹水的土壤中。

园林植物中属于耐水湿植物的乔木种类有水杉、江南桤木、鸡仔木、浙江楠等，灌木有山矾、孝顺竹等，草本有细叶芒、垂盆草等。

多肉多浆植物

多肉多浆植物指植物营养器官的某一部分，如茎、叶、根（少数种

类兼有两个或两个以上部分）具有
发达的薄壁组织用以贮藏水分，在
外形上显得肥厚多汁的一类植物。
又称多肉植物、多浆植物。

多肉多浆植物多原产于热带或
亚热带的半荒漠、干旱地区，全年
有很长时间其根部吸收不到水分，
仅靠体内贮藏的水分维持生命。

景天科的吉娃莲

◆ **概述**

据统计，世界上的多肉多浆植物有 1 万余种，在植物分类上隶属于
50 余科，常见栽培的包括仙人掌科、番杏科、大戟科、景天科、萝藦科、
龙舌兰科和菊科等。中国原产的多肉多浆植物主要有景天科（景天属、
瓦松属、瓦莲属等）、藜科、番杏科、萝藦科、马齿苋科、鸭跖草科、
葡萄科、石蒜科、风信子科、苦苣苔科、胡椒科、葫芦科、薯蓣科、防
己科、石竹科、报春花科、商陆科、豆科、五加科、旋花科、莎草科等。
中国也有引进如天南星科、凤梨科、夹竹桃科、牻牛儿苗科、独尾草科、
百合科、木棉科、桑科、辣木科、茶茱萸科、橄榄科、漆树科、西番莲
科、酢浆草科、荨麻科、唇形科、龙树科、胡麻科、仙茅科、天门冬科、
福桂花科、假叶树科等的种或品种。

仙人掌科植物的茎部多变态成扇状、片状、球状或多形柱状，叶则
退化变态成针刺状。由于仙人掌科植物具有独特的器官刺座，加之其丰
富的物种和形态多样性，因而园艺上将它们单列出来称为仙人掌类，而

将其他科的多肉植物称为多肉（多浆）植物，常表述为仙人掌与多肉多浆植物。因此，广义的多肉植物包括仙人掌类，而狭义的多肉植物则不包括仙人掌类。

◆ 植物分类

按贮水组织在植株中的不同部位，多肉植物可分为叶多肉植物、茎多肉植物和茎干类多肉植物三大类型。

叶多肉植物的叶片有共同的旱生结构——叶肥厚、表皮角质或被蜡、被毛、被白粉等。但叶的类型相当多，且叶形是分类的重要依据。

大戟科、萝藦科、夹竹桃科和牻牛儿苗科等多肉植物，贮水部分在茎部，称为茎多肉植物。很多种类的茎和仙人掌类相似，呈圆筒状或球状。有的具棱和疣状突起，但没有刺座；有些种类具刺，刺有皮刺、针刺和棘刺之分；少数种类具强刺，如福桂花科、龙树科和夹竹桃科的棒槌树属；很多具粗壮肉质茎的种类不具叶，或在幼嫩部分有细小的叶，但常落。马齿苋属和燕子掌属植物既有粗壮的肉质茎，又有肉质化的叶，而且这种叶始终存在。

茎干类多肉植物的肉质部分主要在茎基部，形成极其膨大的形状不一的块状体、球状体或瓶状体，无节、无棱，而有疣状突起。有叶或叶早落，多数叶直接从根颈处或从几乎不肉质的细长枝条上长出。在极端干旱的季节，这种枝条和叶一起脱落，如薯蓣科的龟甲龙。有些种类在膨大的茎干上有近乎正常的分枝，茎干通常较高，生长期分枝上有叶，干旱休眠期叶脱落但分枝存在。有些种类的株型和一般乔木类似，只是主干较膨大，贮水较多，如木棉科的猴面包树、纺锤树，辣木科的象腿树，漆树科的列加氏漆树，梧桐科的昆士兰瓶干树，夹竹桃科的沙漠玫瑰等，这些种类的扦插苗通常很难形成膨大的茎干。

◆ 生理代谢

多肉多浆植物在生理代谢方式上和一般植物有所不同。其特点是气孔白天关闭减少蒸腾，夜间开放吸收二氧化碳（CO_2），而且在一定范围内，气温越低，CO_2 吸收越多。吸收的 CO_2 通过羧化形成苹果酸存于大液泡内。白天苹果酸脱羧放出 CO_2 进行光合作用，在一定的范围内，温度越高，脱羧越快。栽培上利用这个特点，即在一定范围内尽可能加大温室的昼夜温差，提高晚上室内 CO_2 浓度等，可使这类植物加快生长。

多数的多肉多浆植物体内有白色乳汁或无色的黏液，据研究，这是一种多糖物质，有利于提高细胞液浓度，增强抗旱抗逆性。同时，这种乳汁和黏液在植物受伤时可使伤口迅速结膜，既防止了体内水分散失，又避免了病菌感染。

◆ 生态习性

大部分的多肉多浆植物喜欢阳光充足且通风良好的环境，生长期主要在春、秋季节。耐干旱，不耐寒，忌高温潮湿和烈日暴晒，怕荫蔽，也怕土壤积水。生长期应给予充足的光照，有助于植株生长。浇水掌

扦插

握"不干不浇，浇则浇透"原则，避免积水。浇水后不要暴晒，放置于低光照阴凉处，温度 15 ～ 28℃ 时最适宜。较大的昼夜温差有利于多肉

植物的生长。多肉多浆植物繁殖较容易，常用方法包括嫁接、扦插、播种、分株等，其中嫁接繁殖在仙人掌科中应用最多。

岩生植物

岩生植物指具有较强抗逆性，尤其是耐旱和耐瘠土的能力强，植株低矮或匍匐，可与岩石搭配用于造园的植物。

岩生植物既包括植株矮小的常绿针叶树和落叶乔灌木，也包括球根类和垫状多年生草本植物。它们可以是真正的高山植物，也可以仅仅是适合岩石园种植的矮小植物。

在风景园林设计与建设中，通常将适用于岩石园造景的植物统称为岩生植物。在造园上，岩生植物应尽量选择植株低矮、生长缓慢、节间短、叶小、开花繁茂和色彩绚丽的种类。

岩生植物景观

岩生植物通常以自然生长或分布在高山地区的植物为主。高山地区风力大、水分蒸发量大、日温差大、光照强且紫外线多、土层薄且贫瘠，这些生态特征决定了高山植物具有特殊的形态特征，如植物低矮，匍匐或呈莲座状生长，被绒毛，叶小或肉质，或有厚的角质层，但根系发达、花色鲜艳。

岩生植物也常用一些非高山的低矮植物，这些植株低矮或呈匍匐状，生长缓慢且抗逆性强（抗旱、抗寒、耐贫瘠），管理粗放，适合在岩石园中应用。主要包括矮小的灌木、多年生宿根花卉和球根花卉，以及部分的一二年生花卉。人工培育的低矮或匍匐的栽培品种也可适用于岩石园。

岩生植物造景应以展示高山植物、岩生植物的生境为主体内容，结合山石、峰峦、水体等模拟自然条件，将能直接生长于岩石之间的岩生植物合理搭配应用，以创造独具岩生风貌的植物景观。

香花植物

香花植物指花器官具有芳香成分的栽培植物或野生植物。

香花植物生长成熟后，为繁衍后代，其花器官中的薄壁组织能够分泌出芳香油形成芳香怡人的气味。香花植物包括乔木、灌木、藤本和草本，可广泛应用于各个绿地类型的城乡环境绿化。

狭义的香花植物仅指花器官具香气的植物。广义的香花植物即芳香植物，包括香花植物和香草植物。香草植物指根、茎、叶、花等均具香气的植物，往往含有挥发性芳香油，以草本为主，也包括木本，尤其是唇形科草本植物。代表物种有薰衣草、迷迭香、百里香、藿香等，广泛用于观赏、食用、药用，还用于提炼精油、驱除蚊蝇、净化空气。

◆ 分类

按生物学特性，香花植物可以分为以下几类：①草本香花植物。包括一二年生草本如雏菊、鼠尾草、紫罗兰、西洋甘菊等，多年生草本如薰衣草、迷迭香、

迷迭香

罗勒、薄荷、藿香、百里香、晚香玉、桂竹香、百合、水仙、兰花、银香菊、香雪兰、荷花等。多应用于花坛、花境造景,或营造专类园景观。②灌木香花植物。如玫瑰、月季、珠兰、牡丹、丁香、醉鱼草、栀子、茉莉、瑞香、米兰、九里香、蜡梅、代代花、香荚蒾等。多用于庭院、道路、居住区等各类绿化。③乔木香花植物。如桂花、梅花、白兰花、深山含笑、白玉兰、木莲、香橼、柚、蓝花楹等。多用于道路、居住区绿化。④藤本香花植物。如紫藤、木香、藤本月季、金银花、香花鸡血藤、使君子等。多用于庭院或街头绿地的立体绿化。

香花植物花瓣中含挥发性的"芳香油",通过气孔或腺体释放,芳香油的主要成分是萜类化合物及其衍生物。依据芳香物质的形成和挥发速度、浓度等特征的不同,香花植物可分为气质花和体质花两种。①气质花。芳香油随花朵开花而逐渐形成与挥发,因而芳香维持的时间较短,以初开放时香气最浓。如茉莉花,傍晚开放,午后花瓣内芳香油积累达到饱和状态,正是采摘适时;玫瑰花,拂晓开放,初放而未见露心者为最香;梅花,含苞欲放至初开的花朵最香;兰花,芳香由蕊心柱(花丝和花柱合生部分)散发,因此一经授粉,蕊心柱弯曲,香气立即消失。

茉莉花

②体质花。芳香油以游离态存在于花瓣中,因此未开放或开放不久的均有香气,维持时间较长,直至花瓣凋萎,芳香才将耗尽,常见的如白兰花、珠兰、代代花等。无论体质花还是气质花,两者一

般皆以初花期的芳香油含量最高，是观赏和采摘的理想时间。

◆ **园林应用**

香花植物在现代城市和园林绿化造景中占有重要的地位，并具有独特的景观功能。嗅觉可以加深人对绿化环境及氛围的体验，利用香花植物可营造"香景"或嗅觉花园。香景是园林植物配置的一种组景手法，也是五感花园的组成部分之一。在人居环境绿化或美化建设中，可应用一些具有令人愉悦的芳香气味的植物。

中国贵州毕节市人民公园桂树飘香

通过植物组合空间的形式进行配置，借微风而暗香浮动，或香远益清，或芳香馥郁，花香袭来，令人陶醉。

抗污染植物

抗污染植物指能够吸收有害气体、滞留灰尘、杀灭细菌、减弱噪声、保持大气中氧气和二氧化碳平衡的植物。

抗污染植物对于一定浓度范围内的大气污染物，不仅具有一定程度的抵抗力，还具有相当程度的吸收能力，即具有抗污染和吸污功能。

抗污染植物具有一定的特殊生理结构：①叶片的表皮细胞通常是多层的，排列非常紧密，气孔下陷，在附属物的保护下可阻挡有害物质进入其中，表现为叶片较厚、革质、外表皮角质化或叶的表面有蜡层、叶片的气孔稀少或气腔内有腺毛等。②通过其叶片上的气孔和枝条上的皮孔将大气污染物吸入体内，在体内通过氧化还原过程将其变成无毒物质（即降解作用），这些特殊的叶片结构有效地保护了植物机体免受或少受有毒气体的侵害。③将污染物通过根系排出体外或积累贮藏于某一器官内。有的植物则是用其体内特殊的乳汁或液汁来抵抗污染，如大戟科、桑科、夹竹桃科等科中的一些种。

特殊的生理结构和性征，使得这类植物在同等污染环境中具有较强的生命力。抗污染植物对大气污染物的吸收、降解和积累、同化，实际上起到了对大气污染的净化作用。因此，在城市绿地中可以大量推广使用抗污染植物，用来净化人类赖以生存的大气环境。

常见的抗污染植物，如抗烟尘、二氧化硫、氯气等的绿化树种有马尾松、桧柏、刺槐、榆树、臭椿、乌桕、银杏、槐树、楝树、榧树、黑松、女贞、石楠、冬青、紫薇、泡桐、对节白蜡等；具有较强抗污染能力的花灌木和草本植物有夹竹桃、大叶黄杨、木槿、桂花、石榴、山茶花、美人蕉、万寿菊、金盏菊、香蒲、石竹、香豌豆等。

耐盐碱植物

耐盐碱植物指对盐碱土具有一定耐受能力，在盐碱地条件能够正常生长、开花和结实，并具有生态、观赏或经济价值的植物。又称盐碱土植物。部分耐盐碱植物还具备一定的盐碱土改良能力。

◆ 概况

中国海岸线很长，在沿海地区有相当大面积的盐碱土地区，在西北干旱地区的内陆湖附近，以及地下水位过高处也有相当面积的盐碱化土壤。这些盐土、碱土及各种盐化、碱化的土壤统称为盐碱土。盐土中通常含有 NaCl 和 Na_2SO_4，属于中性盐，其土壤结构被破坏，一般 pH 属于中性；碱土中则含碳酸钠（Na_2CO_3）、碳酸氢钠（$NaHCO_3$）或碳酸钾（K_2CO_3）较多，其土壤结构被破坏，且变坚硬，pH 一般在 8.5 以上。

中国盐碱土面积为 9913.3 万公顷，土壤盐渍化是一种重要的非生物胁迫。盐碱土会使植物的膜系统受到伤害，从而电解质外渗，导致一般植物根系失水，加速叶绿素降解，破坏植物体内与外界环境之间的酸碱平衡，使得植物无法正常生长直至死亡。从生态角度来说，土壤盐渍化会导致草原等植物生态系统的生境破碎化，极大地降低生物多样性。

耐盐碱植物对盐碱土具备较好的适应或改良能力：①通过根系的扩展改变土壤结构，使土壤的持水力和通气性得到改善。②通过覆盖地面减少地表水分的蒸发，限制地下水中的盐分在土壤表层的积累。③通过构建植物群落改善其周围的小环境，起到改善盐碱地小气候的作用。因此，耐盐碱植物具有特殊的生态效应，在中国沿海地区、内陆湖附近及石灰岩地域具有很高的推广利用价值，可以用来绿化、美化盐碱土地域，改良当地的土壤环境。

◆ 分类

依照植物在盐碱土上生长发育的类型，可以将盐碱土植物分为以下类型：①喜盐植物。又分为旱生喜盐植物（主要分布在内陆的干旱盐土地区，如乌苏里碱蓬、海蓬子等）和湿生喜盐植物（主要分布在沿海海滨地带，如盐地碱蓬、肾叶打碗花等）。对一般植物而言，土壤含盐量超过 0.6% 时即生长不良，但喜盐植物可在 1% 乃至超过 6% 的 NaCl 浓度的土壤中生长。喜盐植物可以吸收大量可溶性盐类并积聚在体内，其细胞的渗透压高达 40 ～ 100 个大气压，如黑果枸杞、梭梭等。②抗盐植物。均有分布于旱地或湿地的种类，根细胞膜对盐类的透性很小，所以很少吸收土壤中的盐类。其细胞的高渗透压不是由于体内的盐类而是由于体内含有较多的有机酸、氨基酸和糖类所形成，如田菁、盐地风毛菊等。③耐盐植物。也分为干旱和湿地两种类型，能从土壤中吸收盐分，但并不在体内积累，而是将多余的盐分经茎、叶的盐腺排出体外，即具有泌盐作用，如柽柳、大米草、二色补血草、红树等。因此，这类耐盐碱植物也称为泌盐植物。④碱土植物。能适应 pH 达 8.5 以上和物理性质极差的土壤条件，如部分藜科、苋科的植物等。

沙棘

国槐树绿化

◆ **园林应用**

在园林绿化建设中，常见应用的耐盐碱木本植物有柽柳、杠柳、沙棘、沙枣、紫穗槐、白榆、加杨、小叶杨、桑、杞柳、旱柳、枸杞、楝、臭椿、刺槐、白刺花、黑松、皂荚、国槐、白蜡、杜梨、乌桕、合欢、枣、复叶槭、杏、钻天杨、胡杨、君迁子、侧柏、舟山新木姜子、普陀樟、山皂荚等。

耐盐碱的草本植物种类很多，但大多为野生种，人工栽培少，如珊瑚菜、肾叶打碗花、筛草、滨海前胡、田菁、野胡萝卜、盐爪爪、盐角草、盐地碱蓬、习见蓼、蓝花子、滨海珍珠菜、沙苦荬菜、茵陈蒿、田旋花、砂引草、罗布麻、海滨山黧豆、二色补血草、盐芥、全缘贯众、狭叶尖头叶藜、单叶蔓荆、矮生薹草、绢毛飘拂草、假俭草、密花拂子茅、丝茅、番杏、变叶美登木、滨海白绒草、肉叶耳草、假还阳参、普陀狗娃花、匙羹藤、蔓九节、喜盐鸢尾、梭梭、虎尾草等。

在土壤盐渍化较为严重的地区，可通过资源调查、引种、评价、筛选、育种、应用试验和推广，加强对耐盐碱植物的应用。在模拟自然耐盐碱植物分布和群落的基础上，将耐盐碱的乔木、灌木和草本等进行合理搭配并形成耐盐碱植物群落，不仅具有良好的绿化、美化效果，也对盐碱地具有较好的改良效应。因此，耐盐碱植物在中国具有良好的使用前景。

酸性土植物

酸性土植物指适于在酸性土壤（土壤 pH 在 6.5 以下）如泥炭土等含有游离腐殖酸的地方生长的植物。又称酸性植物、酸土植物、喜酸植物、适酸性植物。如马尾松、五针松、杜鹃、山茶、油茶、栀子花、石松、芒萁、铁芒萁、碱蓬、骆驼刺、地薏等。与之相对应的是碱性土植物和中性土植物。酸性土植物中有一些种类在碱性或钙质土壤上不能生长或生长不良。酸性土植物灰分中含钙极少，而含铁、铝较多。

根据土壤 pH 适应的范围，可将酸性土植物再细分为：①嗜酸植物

（如水藓属植物，能在 pH 为 3 ～ 4 的强酸性沼泽土中生长，而在中性或碱性土中完全不能生长）。②嗜酸耐碱植物（如曲芒发草，在 pH 为 4 ～ 5 的范围内生长最好，但也能忍受中性或弱碱性土壤）。③嗜碱耐酸植物（如款冬，最适中性或碱性土壤，对酸性土壤也能忍耐）。④耐酸碱植物（如熊果，可在酸性或碱性土中生长良好，而在中性土中分布较少）。

由低沼泽原、高位沼泽原、石南灌木群落苔藓所形成的冻原等群落都属于酸性土植物。酸性土植物中有很多种类生长在泥潭沼泽中，包括泥炭藓、多种灌木石南、灰色桦树、矮柳、兴安悬钩子、岩高兰属、茅膏菜属、羊胡子草属、冰沼草属和部分莎草属植物等。通常还具有一定适应水生的形态结构，如高度发达的多孔胞间组织，因此很多酸性土植物同时也是嗜寒生物。而它们中的大多数同时也具有旱生结构，其

泥炭藓

产生原因一是由于土壤高酸度导致的泥炭土干燥特性，二是大多数种类的生长期从较低温度开始，三是泥炭土本身具有很高的湿度。

指示植物

指示植物指在一定地区内，对环境条件要求严格，并能指示所生存的环境或其中某些因子特性，或是对某种疾病能产生十分明显症状的植物种、属或群落。

有些植物和植物群落的生态幅狭窄，对环境的适应性较小，常与环境中的某些要素密切相关，却能在其他植物不能生长的特定环境下生活。因此，利用这类植物可以判断这些地方生态环境的特点。

指示植物有以下几种主要类型：①气候指示植物。可指示一定的气候类型。如桫椤、莲座蕨生长的地区表明为热带或亚热带潮湿气候带，中国杉木群系指示湿润的亚热带环境，椰子的正常发育是热带气候的标志，兴安落叶松是湿润寒冷气候的指示植物，冷杉为亚寒带气候的指示植物等。②土壤指示植物。与土壤的肥力、酸碱度、机械组成等特征密切相关。如荸草指示肥沃土壤，称富养植物；车叶草则是贫养植物，指示贫瘠土壤。又如映山红、马尾松、茶树、芒萁、油茶、赤杨、闹羊花、乌饭树、狗脊指示酸性土；石松指示气候湿润和强酸性（pH4.0～5.5）土壤的环境；南天竹、铁线蕨、蜈蚣草、甘草指示钙质土；盐角草、盐地碱蓬是盐土的指示植物；沙枣、梭梭、沙打旺、沙蓬等是干旱沙化地区的指示植物；香蒲、芦苇、三棱草、薹草等是沼泽地的指示植物；仙人掌群落指示土壤和气候的干旱等。③土壤水和潜水的指示植物。是土壤水分含量、潜水埋深及矿化度等状况的标志。如芦苇等湿生植物表明土壤水分含量高、潜水面深度浅；柳、桑等植物是淡水潜水的

映山红

指示体；芨芨草群落指示地下水位接近地面等。④地质状况指示植物。可指示不同的岩石、矿物及地质构造类型。如喇叭花的分布与铀矿有关，

密集丛生的海州香薷与富含铜的土壤有关，问荆、云杉可用以指示金矿等。⑤环境污染指示植物。在不同污染物和污染程度下表现出不同的症状，有些植物对大气中有毒成分敏感，可作为大气污染的监测植物。如喇叭花、万寿菊、秋海棠等在大气中含百万分之一二氧化硫（SO_2）时，经过 1 小时就会产生中毒症状；很多地衣和苔藓植物也对大气中的 SO_2 敏感，环保部门将其作为检测 SO_2 污染程度的指示植物；龙爪柳、唐菖蒲、仙客来、郁金香等可作为检测氟化氢污染的指示植物。有些水生植物可指示水体有机物或重金属污染，如微囊藻、颤藻、眼虫等在水体中呈优势类群时，表明水体的有机物污染严重。

指示植物的研究对于认识植物的生理生态特征、所处环境的特点，以及与功能园林绿地的植物选择、应用等，均具有重要的指导意义。

保健植物

保健植物指含有抗生素和具有抗病毒作用的化学物质，能散发有益人体健康气体的活性植物。

这类植物具有预防、治疗、抑制或缓解疾病的作用，对人的身心健康起到直接或间接的保护作用。

◆ 按成分功效分类

根据植物释放的保健成分对人体不同的医疗功效，将保健植物分为3 类：①调节神经类。释放出的保健成分主要包括愈创木烯、月桂烯、α-石竹烯、芳樟醇、石竹烯、水芹烯等。这些保健气体具有清新空气、加快人体血液循环、调节心理和大脑神经等功效，表现为提神醒脑、清除疲劳、促进安眠，有助于消除神经紧张和视觉疲劳，使人体处于放松状态。代表性植物如梅花、白兰花、绿萝、水仙等。②杀菌、抑菌类。释放出的保健成分主要包括乙酸、乙醇酸、乙酰丙酸、丙烯酸、胺醚、水杨酸、水杨酸脂、水杨醇、α-蒎烯、间羟基苯甲酸、樟脑烯醛等。该类植物的叶面能够有效吸附空气中的灰尘，使细菌失去滋生的场所，另一方面，该类植物所释放的气体本身具有杀死细菌、真菌的能力，能起类似消炎的作用。代表性植物如文竹、常春藤、秋海棠、松柏类、丁香、柠檬、天竺葵等。③辅助心血管类。释放出的保健成分主要包括水杨酸、旅烯、贝壳杉烯等。这类物质被人体吸收后，扩散到身体各部分，促进心血管系统的循环，具有类似心血管保健药物的作用，而且还能够释放大量有益的负离子，能促进人体的新陈代谢。代表性植物如菊花、金银花、白兰花等。

◆ **按挥发物质作用分类**

保健植物释放的挥发性物质可用于防病、治病，或有益于健康，主要有5类：①抗抑郁。芳香植物如丁香、茉莉花的香味可使人沉静轻松、无忧无虑，可用于治疗抑郁疾病。迷迭香和柠檬草的精油及活体香气对人的神经系统有调节作用，也能起到抗抑郁的效果。芫荽含有的挥发成分和黄酮类成分可缓解人的焦虑。②提神。菊花挥发物中含有菊油环酮、龙脑，可促进儿童智力发育，使人反应敏捷且思维清晰。薄荷或迷迭香的香气对人的想象力有良好的促进作用，尤其适合儿童或设计工作者。③抗疲劳。木樨、兰花可解除人的烦闷和忧郁。茉莉花、香叶天竺葵、水仙、紫罗兰、玫瑰、薰衣草可镇定神经、消除疲劳，在改善情绪的同时给人以愉悦、爽朗的感觉。水仙花香味中的酯类成分，可提高神经细胞的兴奋性，紫罗兰花香也有同样的作用。香叶天竺葵、薰衣草和紫罗兰花香还是促进睡眠的天然良药，对失眠、压力过大等症状均有一定的缓解作用。④慢性病辅助治疗。菊花、茉莉花、香叶天竺葵、薄荷、郁金香、木槿及台湾扁柏均对降低血压有一定的作用。菊花对眼翳有一定的治疗功效，香叶天竺葵可平喘、顺气，薄荷可祛痰止咳。玫瑰花含有芳樟醇、香茅醇等，咽喉痛、扁桃体发炎的病人闻之有舒服的感觉，可使病情好转。木槿可清肺。菊花及茉莉花对头晕目眩、间歇性头痛、感冒鼻塞等均有明显的缓解作用。紫茉莉是杀菌的良药，其分泌的气体可杀死白喉、结核菌、痢疾杆菌等病毒。丁香的花香味可用于治疗感染、吐泻等病症，还对牙痛有一定的镇痛作用。⑤环境净化。石榴可净化空气中的氟、氟化氢。木槿、蜡梅可吸收汞蒸气。百合、水仙、龟背竹、吊兰等可吸收空气中的碳氧化物。米仔兰可吸收空气中的二氧化硫。紫茉莉、丁香、含笑花等对二氧化硫、氟化氢、氯气部分具有吸收功效，且可同时吸收光化学烟雾、防尘降噪。大叶南苏、绿萝等植物可吸滞烟尘、粉尘，其中绿萝还有增加空气湿度的功能。芦荟可增加空气中的负

茉莉花

绿萝

离子浓度。薄荷、薰衣草的芳香具有驱蚊逐蝇的功效。但需要注意的是，不同人群闻到花香的反应会有较大差异，如 15 岁以下的儿童喜欢薄荷香味，年龄过大或许会有不适反应。夜来香的香气会使心脏病患者头痛，过敏体质人群怕闻蒿类味道。

保健植物一方面释放保健物质，这些成分扩散到空气中，通过呼吸系统或皮肤毛孔进入人体，进而发挥直接保健功效；另一方面，部分保健植物分泌的挥发性杀菌素可稀释、分解或吸收大气中的有害物质，起到间接保健功效。因此，在风景园林规划设计中，应该结合保健植物的特性及适宜群体合理布局，以便充分发挥保健植物在城市园林中的作用，提高城市园林的综合功能。

色叶植物

色叶植物指叶片颜色区别于普通植物叶色的园林植物。又称彩色叶植物。

◆ 分类

色叶植物呈现色彩丰富的叶色，具有较高的观赏价值，是营造多彩的城乡绿化与美化景观不可或缺的植物材料。在实际应用中，要求较长的色叶观赏期，以及较强的生长势和环境适应性。色叶植物主要包括春色叶型、秋色叶型和常色叶型等。

春色叶植物

春色叶植物指春季萌发的嫩叶呈现显著不同叶色的植物。从春

南天竹

季叶芽露出彩叶到叶色完全变为绿色为观赏期。常见的春色叶植物有香椿、檫木、鸡爪槭、山麻杆、漆树、野山楂、南天竹、日本绣线菊、杂交鹅掌楸、五叶地锦、爬山虎等。

秋色叶植物

秋色叶植物指秋季叶片呈现显著不同叶色的植物。从叶开始变色到落叶均为观赏期。秋叶变色的原因是入秋后气温逐渐下降，叶片中叶绿素的合成受阻和逐渐破坏消失；而其他色素因能耐较低的温度，其颜色就逐渐呈现。含叶黄素和胡萝卜素多的主要呈现黄色；含花青素多的主要呈现红色；有的因所含色素比例的不同而呈现紫色、橙色等。不同色素体的数量在变化的生态条件下常有增减或消失，使叶片呈现出颜色的变化。除气温条件外，晴天多、光照足、昼夜温差大、天气与土壤

火炬树

偏于干旱的条件，都能使秋色叶变得更加绚丽多彩。中国的秋色叶植物资源极为丰富，观赏价值较高者逾200种。叶色呈红、橙红、紫红的常见秋色叶树种有乌桕、漆树、枫香、黄栌、花楸、榉树、槭树类、火炬树、盐肤木、山楂、卫矛、连香树、蓝果树、檫木、黄连木等。叶色呈黄、金黄、橙黄的常见秋色叶树种有银杏、栾树、鹅掌楸、白蜡、无患子、重阳木、梧桐、悬铃木、七叶树、珊瑚朴、木瓜、日本樱花等。此外，有些植物呈现出多个季节有显著不同于常色叶植物的特征，如春季兼秋季均呈现色叶效果。

常色叶植物

常色叶植物指整个生长期内都呈现彩色叶色，而春色叶植物及秋色叶植物只是在生长期的某一时间段呈现彩色叶色。常见的常色叶植物有紫叶李、紫叶桃、金叶接骨木、金叶女贞、紫叶小檗等。常色叶植物也包括全叶花叶或者叶缘、叶片中部有条状、斑纹的类型，通常也称之为彩叶植物。作为园林地被应用的往往是植物中的彩叶变种和品种，如红叶石楠、金边六月雪、金边阔叶麦冬、银纹沿阶草、花叶玉簪、花叶锦带花、花叶接骨木等，这类通过变异产生的叶色多样、遗传稳定的新品种，愈来愈多地应用于园林绿地中。

◆ 园林应用

色叶植物由于其独特的色彩属性，在园林景观中往往形成焦点，或使整体氛围变得活泼明快。其配置形式又分为孤植、丛植、列植、群植和片植、色块种植和垂直绿化等。适合孤植的色叶植物要求树形挺拔、美观，并可以形成景观焦点，较适宜的树种包括五角枫、银杏、复叶槭、悬铃木、栾树、乌桕等。适合丛植的色叶植物主要包括小乔木及灌木，如石楠、南天竹、紫叶李、洒金柏、连翘等。适合列植的色叶植物有白蜡、杜英、栾树等。适合群植和片植的色叶植物有鸡爪槭、紫叶李等。适合色块种植的色叶植物有金叶女贞、紫叶小檗、金边黄杨等。适合垂直绿化的色叶植物有花叶常春藤等。

不同地区由于气候差别，宜采用的色叶植物种类亦不同，尤其是秋色叶植物，同一树种在不同地区的色叶效果可能相差很大。此外，有些色叶植物除色叶观赏价值外，还具有较高的观花、观果价值，如日本晚樱、柿树、全缘叶栾树、木瓜、火炬树、麦李、紫薇、四照花、锦带花、鸡爪槭等，在进行植物配置时应综合考虑。

观花植物

观花植物指具有奇特的花或花序，且具有一定观赏价值的植物。

一般认为，花具有鲜艳的色彩或色彩变化，或是姿态奇特，或是花序优美，或是质地独特，或是在枝干上的着生状态富有特点，均可归为观花植物。观花植物的主要价值在于其具有较高的美学欣赏价值，它以形态各异的花朵、多彩的花色、不同的花期，形成园林绿化中独特的景观，部分观花植物也以独特的香味给人带来不同的心理感受。

依据植物的生活形态，可分为乔木类、灌木类、草本类、藤本类，以及水生类观花植物。

◆ 乔木类

观花乔木在景观中，首先是营造花景景深效果的重要素材，一般作为远景配置，一颗孤植的巨大观花乔木可以独立成景，也可以群植不同的观花乔木，搭配一些常绿乔木为背景，或低矮灌木为前景点缀，形成多层次、多形态和多色彩的植物群落景观。高大的观花乔木一般以远观为主，而一些小型的观花乔木接近人的视觉高度，可以作为高大乔木的前景远观，增加景观层次和景观形与色的变化，也可以近距地观赏花形和花色，嗅到扑鼻的花香。

◆ 灌木类

观花灌木为枝干丛生的低矮植物，种类较之观花乔木更为丰富，丛生的特性使得大多数灌木树姿偏于自然蓬松型，在配置植物景观时可以利用高低不同的灌木群组景，形成丰富多彩的灌木花景。人们穿梭于灌木花丛之中，有被鲜花簇拥、花丛围绕之感。也可与乔木、地被搭配组景，与乔木搭配前置为前景，与地被配置后置为背景，所配置的景观具有层次和色彩丰富的立面效果。除此之外，利用观花灌木做绿篱和绿墙是植物景观中常见的植物配置手法，除了能限定、围合、隔离空间外，还具有一定的观赏效果，更具景观效益。

◆ **草本类**

观花草本植物品种繁多，花色丰富，是公园绿地中不可或缺的一种景观元素。草本类观花植物具有繁殖速度快、植物景观成效快等特点。球根花卉、宿根花卉等草本花卉可合理配置成花境，种植在林缘、草坪上，或是成片群植形成花带、花海，以及在道路节点种植。

◆ **藤本类**

观花藤本植物占地少，生长快，易管理，不仅可以增加公园绿地的绿量，还是一道美丽的景观。如牵牛花、炮仗花等，最大特点是能攀缘、缠绕或吸附于它物向上生长，在花景构造中多用于棚架、篱垣、园门、墙面、绿柱、绿亭等园林小品的点缀装饰，是营造垂直绿化、垂直花景的首选素材。

◆ **水生类**

水生花卉包括挺水型花卉（如荷花）、浮叶型花卉（如睡莲）、漂浮型花卉（如满江红）、沉水型花卉（如水蕴草）等，其中挺水型花卉和浮叶型花卉在花景中用得最多。水生花卉多用于水景构造中，植物、天空和白云在水面的倒影，与水面上的各种花卉互相辉映，虚实结合。

水生花卉植物的应用能丰富水景的空间变化，从而使水景的景观效益及意境表达得以深化。形态优美、色彩丰富的观花水生植物既能净化和改善水质，又能美化环境，在生态园林景观建设中充当着极其重要的角色。

观果植物

观果植物指果实形状或色泽具有较高观赏价值，以观赏果实部位为主的植物。

观果植物有的色彩鲜艳，有的形状奇特，有的香气浓郁，有的着果丰硕，有的则兼具多种观赏性能。常用于城乡园林绿化，或用于盆栽观赏，也可剪取果枝插瓶观赏。观果植物的栽培管理、病虫害防治和整形修剪等措施着重于促进果实的生长发育，以达到果繁、色艳的目的。有些观果植物兼具食用价值，很多观果植物还是野生动物的食物来源，对于生物多样性保护具有重要意义。

南天竹

中国观果植物种类繁多、资源丰富，具有很高的应用价值和广阔的应用前景。如紫珠，株高 1.2 ～ 2 米，6、7 月开花，果实球形，9、10 月成熟，呈紫色，珠圆玉润，犹如一颗颗紫色的珍珠，有光泽，经冬不落。又如南天竹，树姿秀丽，翠绿扶疏，红果累累，圆润光洁，是常用的观叶、观果植物，无论地栽、盆栽还是制作盆景，都具有很高的观赏价值。果形小而繁多者还有紫金牛、火棘、无刺枸骨、花楸、小檗、南蛇藤、十大功劳、冬青、大叶冬青、山桐子等，都是很好的观果植物。蔷薇科的海棠属植物、芸香科的柑橘类植物、葫芦科的多种植物、柿树科的柿树和老鸦柿，以及石榴、葡萄、枣、猕猴桃等都是很好的观果植物。

宿根花卉

宿根花卉指个体寿命超过两年的多年生草本花卉。植株保持连年生长，且地下茎或根不变态肥大，地上部可多年开花和结实。宿根花卉是一类重要的园林植物资源，具有生态适应性强、观赏价值高、成景效果好、养护管理便利和成本低廉的优势。

◆ **生长特性与应用价值**

宿根花卉具有以下重要的生长特性与应用价值：①具有多年存活的地下部。多数宿根花卉种类具有不同粗壮程度的主根、侧根和须根，可存活多年，由根颈部的芽每年萌发形成新的地上部开花、结实，如芍药、火炬花、飞燕草等。也有个少种类其地卜部能存活多年，并继续横向延伸形成根状茎，根茎上着生须根和芽，每年由新芽形成地上部开花、结实，如荷包牡丹、鸢尾、费菜等。②原产温带的耐寒、半耐寒宿根花卉具有休眠特性。其休眠的芽或莲座枝需要冬季低温解除休眠，在翌年春季萌芽生长。通常由秋季的低温与短日照条件诱导休眠器官形成。春季开花的种类越冬后在长日条件下开花，如风铃草；夏秋开花的种类需短日条件下开花或由短日条件促进开花，如菊花、紫菀等。原产热带、亚热带的常绿宿根花卉，通常只要温度适宜即可周年开花，但夏季温度过高可能导致半休眠，如鹤望兰。③宿根花卉多数可用播种繁殖，但常用分株繁殖，如利用脚芽、茎蘖、根蘖分株。有的种类可利用叶芽扦插，这些均有利于保持该种或品种特性的一致性。④宿根花卉一次种植、多年观赏。露地栽植，广泛应用于园林花坛、花境、地被；保护地栽培则是商品切花的主要材料，大宗切花均采用宿根花卉，如香石竹、菊花、非洲菊、满天星、补血草、花烛、鹤望兰、草原龙胆等。宿根花卉露地栽植需预留适宜空间，避免多年生长后出现株丛过密、植株衰老、着花量和开花品质下降等问题，一定年限后应及时更新或重栽。

◆ 分类

根据地上部的形态特性，可将宿根花卉分为落叶宿根花卉和常绿宿根花卉。

落叶宿根花卉

落叶宿根花卉在冬季或遇到不利生长环境时，地上部枯萎，以地下部宿存，待外界气候环境恢复至有利于植株生长时，地上部重新萌发、抽枝、展叶、开花和结实。这类宿根花卉早在《梦溪笔谈·药议》中就有记载："大率用根者，若有宿根，须取无茎叶时采，则津泽皆归其根。"落叶宿根花卉又分为两个亚类，即冬季枯萎类和夏季枯萎类（冬绿宿根花卉）。

冬季枯萎类。即传统含义的宿根花卉，在中国东北、西北、华北、华东和中部地区常见。植株在春、夏和秋三季进行营养生长和生殖生长，进入秋冬季后植株地上部分枯萎，以进入休眠状态的地下根系过冬，翌年春季回暖后萌发地上部分。常见的冬季枯萎类宿根花卉有菊花、芍药、鸢尾、蜀葵、紫菀、乌头、石竹、瞿麦、高飞燕草、荷包牡丹、玉簪、紫萼、萱草、向日葵、火炬花、剪秋罗、福禄考、随意草、钓钟柳、虞美人、野罂粟、桔梗、金光菊、金鸡菊、宿根天人菊、落新妇、石碱花、银莲花、矢车菊、松果菊、蒲苇、堆心菊、多叶羽扇豆、薄荷、蛇鞭菊、宿根亚麻、一枝黄花、唐松草、无毛紫露草和各类暖季型草坪草等。

夏季枯萎类（冬绿宿根花卉）。与冬季枯萎类相反，夏季枯萎类宿根花卉是指在秋、冬和春三季进行营养生长和生殖生长，进入夏季炎热时期植株地上部分枯萎，以地下根系越夏，至秋冬季后重新萌发地

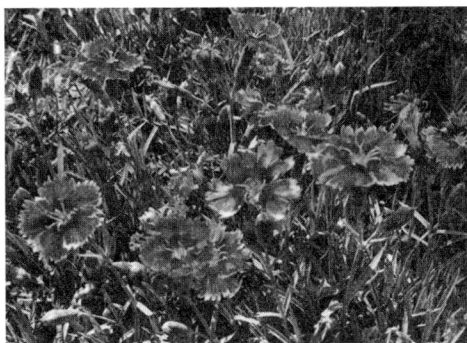
彩虹石竹

上部分。此类宿根花卉相对较少，代表种有夏枯草、珠芽地锦苗、过路黄属部分种和多年生冷季型草坪草等。该类宿根花卉因为冬季地上部分存在，但夏季枯萎，故亦可被称为冬绿宿根花卉，在冬季园林的地被植物配置中能发挥特殊的绿化和生态效益。

常绿宿根花卉

常绿宿根花卉在整个生命周期中，其地上和地下部分一直保持生长发育状态，遇到不利于生长发育的外界气候环境时，地上和地下部分也会进入休眠状态，但地上茎叶并不枯萎脱落，而是多年保持常绿。该类宿根花卉被称为常绿宿根花卉或地上部常绿宿根花卉。

随着园林植物造景水平的提升，绿叶期长短性状已成为宿根花卉重要的研究目标。常绿宿根花卉亦愈加受到关注，对于宿根花卉的理解已

经不再局限于地上部枯萎类。从园林应用的角度出发，常绿宿根花卉的概念可引申为：在自然分布区域或露地栽培地区，植株地上部全年保持绿色或具备观赏价值的宿根花卉，其具备露地性、地域性和多样性 3 个主要特征。

露地性是常绿宿根花卉的首要特征，即指在露地自然生长条件下的常绿特性。地域性即判断某野生种或品种是否为常绿宿根花卉，必须指明其具体生长或栽培区域。

多样性是常绿宿根花卉的延伸特征，具体涵盖 3 种表现类型，即：

蓝羊茅

①植株地上部在春、夏、秋皆为绿色，冬季不枯萎，保持绿色或转变为其他叶色，如沿阶草、山麦冬、吉祥草和蜘蛛抱蛋的地上部在冬季全部保持绿色，是最典型的常绿宿根花卉；野生种庐山香科科的叶片在冬季荫蔽环境中多转变为深紫或紫黑色。②植株地上部在春、夏、秋皆为绿色，冬季地上茎及茎生叶枯萎，但贴近地表的冬态叶不枯萎，保持绿色（如三脉紫菀、柔毛路边青、大花金鸡菊、马兰、攀倒甑等）或转变为其他颜色（如毛地黄钓钟柳、肥皂草、天目珍珠菜、点腺过路黄等）。③满足上述两种情形之一，但地上部分全年都表现为除绿色外的叶色，如蓝羊茅（叶色全年蓝绿色）、黑麦冬（紫黑色）、棕红薹草（红棕色）、紫叶鸭儿芹（紫红色）、金边阔叶山麦冬（金边绿心）、洒金大吴风草（黄

斑绿底）、金叶过路黄（春、夏、秋为黄色，但冬季转为暗红色）等。

常绿宿根花卉的很多种类在具备传统地上部分枯萎类宿根花卉的多年生长、抗性强健、低维护性等优势的基础上，还能够终年保持常绿，可为园林植物造景的物种多样性提供新材料，尤其能为冬季园林景观增加绿量，丰富冬季植物景观层次。因此，常绿和冬绿宿根花卉均是优秀的园林植物资源。

◆ **园林中应用**

宿根花卉野生种质和园艺品种资源极为丰富，花色多，花期分布全年，生态适应性强，栽培管理简便，在园林造景中广泛应用于花坛、花境、草坪、地被、岩石园、水湿生园、基础栽植等领域，为园林植物造景的物种多样性和景观多样性提供重要材料。

中国北京植物园花展

球根花卉

球根花卉指植株地下部分的茎或根变态、膨大并贮藏大量养分的一类多年生草本植物。

球根花卉的种类丰富，广泛分布于世界各地。由于适应性较强、栽培容易、管理简便，加之球根种源的交流便利，球根花卉适合园林布置，可广泛应用于花坛、花境、岩石园或作地被、基础栽植等，同时也是商品切花和盆花的良好材料。

◆ 分类

按地下部分的器官形态不同，球根花卉可分为 5 个类型：鳞茎类、球茎类、块茎类、根茎类和块根类。①鳞茎类，地下茎短缩为圆盘状的鳞茎盘，其上着生多数肉质膨大的鳞片，整体呈球形。②球茎类，地下茎短缩膨大呈实心球状或扁球形，其上着生环状的节，顶端有顶芽，节上有侧芽。③块茎类，地下茎变态膨大呈不规则的块状或球状，其上具明显的芽眼。④根茎类，地下茎呈根状肥大，具明显的节与节间，节上有芽并能发生不定根，根茎往往横向生长。⑤块根类，与上述 4 种变态茎不同，块根为根的变态，即由侧根或不定根肥大而成，其中贮藏大量养分，块根无节、无芽点，发芽只能在根颈部的节上。

球根花卉按栽培习性，可分为春植类球根和秋植类球根。①春植类球根，多原产于南非、中南美洲、墨西哥高原地区等，如唐菖蒲、朱顶红、美人蕉、大岩桐、球根秋海棠、大丽花、晚香玉等。这些地区气候温暖、周年温差较小，夏季雨量充足，因此春植类球根的生育适温普遍较高，不耐寒，通常春季栽植，夏秋季开花，冬季休眠。②秋植类球根，多原产于地中海沿岸、小亚细亚、南非好望角、北美洲东部等地，如郁金香、风信子、水仙、鸢尾、番红花、仙客来、花毛茛、小苍兰、石蒜、蛇鞭菊等。这些地区冬季温和、夏季凉爽，冬春多雨，夏季干旱，为抵御干旱的夏季，植株的茎变态膨大成球根状以贮藏大量水分和养分。

郁金香种植

因此秋植类球根较耐寒，而不耐夏季炎热，往往秋冬季种植后生长，春季开花，夏季休眠。

◆ **繁殖**

由于球根花卉的营养生长期较长，从播种到开花，常需数年，因此多采用以分球法为主的无性繁殖法进行繁殖，包括自然分球法、球根切割法和扦插法。①自然分球法，掰开球根花卉更新球附近蘖生的籽球或小球，进行重栽即可，如唐菖蒲、球根鸢尾等。②球根切割法，风信子鳞茎大，但繁殖系数低，可采用切挖鳞茎的方法以扩大繁殖量。③扦插法，百合、朱顶红、石蒜等可用肉质鳞片进行扦插，大丽花、球根秋海棠、大岩桐等可用叶片或茎进行扦插。有些球根花卉仍可采用传统的播种法，如仙客来、大岩桐、球根秋海棠等。

◆ **花期调控与应用**

由于原产地气候条件不同，不同种类的球根花卉对温度、光照的要求不一，多数球根花卉成花时对光周期要求较低，都属于日中性植物（除唐菖蒲、晚香玉等属于长日照花卉外）。自20世

风信子

纪中叶以来，国内外对于球根花卉的成花、开花生理进行了深入研究，郁金香、百合等大宗商品球根花卉已经广泛采用温度处理等方式实现了花期调控，以适应不同时期的切花、盆花市场需求。

自20世纪80年代以来，全国各地的球根花卉花展、花节不断，栽

培与管理技术日益成熟,如西安、杭州、北京、成都、上海、广州、兰州等30多个大中型城市都相继举办郁金香花展。百合、风信子、葡萄风信子、朱顶红等球根花卉的花展也不断增多,美人蕉、石蒜类、酢浆草、葱兰、韭兰、姜花、姜荷花、球根秋海棠等球根花卉在园林绿地中的应用也日益增多。随着西南、西北、东北及华东地区大力发展球根花卉的种球繁育与复壮,球根花卉也将成为国内花卉产业的一个重要分支。

自播繁衍花卉

自播繁衍花卉指依靠种子繁殖,且种子自然掉落后具萌发新生植株能力的一二年生花卉,也包括部分具有较好自播繁殖能力的球宿根花卉。

常见自播繁衍花卉有诸葛菜、半枝莲、凤仙花、地肤、金盏菊、矢车菊、虞美人、香雪球、百日草、波斯菊、硫华菊、藿香蓟、羽叶茑萝、三色堇、红花鼠尾草、紫茉莉、醉蝶花、漆姑草等。

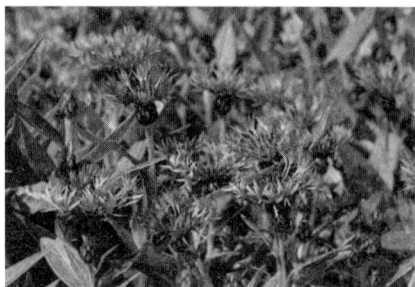

矢车菊

利用自播繁衍花卉进行植物造景,开始流行于20世纪70年代的欧美园林造景,以意大利、法国、德国和日本为代表。20世纪90年代后期,中国上海、深圳、昆明、杭州、青岛等地以自播繁衍花卉应用于城市绿化。自播繁衍花卉在园林应用中有以下特点:①天然扩繁能力强。自播繁衍花卉具备很强的天然更新和扩繁能力,一般在3～5年内均无须重新播种,只要适当控制其繁衍速率和扩充范围,也可以实现一次种植、多年观赏的效果。自播繁衍花卉多为一二年生花卉，开花量大且花期集中，适合营造群花繁茂的地被、花境、花群、花带、缀花草坪或野花景观。因其根系较浅，也可适用于屋顶花园。②栽培管理便利。因其天然扩繁能力强，对多种生物或非生物的胁迫能力亦比较强，栽培管理和养护简便易行，播种成本低，浇水、施肥、病虫害防治、替换植株等方面均明显节省人工，但需注意控制繁衍速率和扩展范围。③回归自然景观。自播繁衍花卉在种植后经天然自播更新，往往会形成与天然野花相类似的景观效果，人工痕迹较少，给人带来清新感、野趣感，回归自然或田园风光。

使用自播繁衍花卉要注意对天然更新能力强的种类加强控制，防止泛滥成灾。此外，因种子繁殖后代性状分离，难以维系母代优良的观赏或抗性特性，所以在使用若干年之后，可全部或部分更换，以加强初代优良植株的个体比重，减缓优良性状的丧失或削弱。

也有研究认为，自播繁衍花卉也包括天然利用根蘖萌发的球宿根花卉、利用孢子自播繁衍的蕨类植物、利用吸芽自播萌发的多浆多肉植物等，甚至包括天然"胎生"红树林植物。但通常含义的自播繁衍花卉应限制在草本植物范围内，突出其具备种子自播的能力，并能够在较短时间内形成美丽的花卉群落景观，且观赏价值能维持多年。

长日照花卉

长日照花卉指植物在生长发育过程中需要有一段时期，每天光照时数超过临界时长（一般在 12 小时以上，大多为 14 ～ 17 小时），或暗期必须短于某一时数，才能形成花芽和开花。日照时间越长，这类植物生长发育越快，营养积累越充足，花芽多而充实。反之，如果不能满足这一光照条件，或超过临界暗期，则花芽就不能形成或形成受阻。

植物开花要求一定的日照长度，这种特性与原产地生长季节的日照长度有着密切的关系，也是植物在系统发育过程中对于所处的生态环境长期适应的结果。长日照植物起源于高纬度地区（下半年昼长夜短），通常纬度在66.5°以上，夏季几乎24小时都有日照，只有长日照植物分布；短日照植物则起源于低纬度地区；中纬度地区兼有长日照和短日照植物分布。通常，自然花期在春末和夏季的花卉是长日照植物。

鸢尾的花

观赏植物中常见的长日照植物种类有唐菖蒲、令箭荷花、风铃草、瓜叶菊、水仙、鸢尾、凤仙花、八仙花等。唐菖蒲是典型的长日照植物，为了周年供应唐菖蒲切花，冬季在温室栽培时，除需要高温外，还要用人工光源来增加光照时间。

要使长日照植物提前开花，可采用短日照处理的方法。如照明期延长法：在日落前或日出前开始补光；暗期中断照明：在半夜用辅助灯光照2小时，以中断暗期长度，达到调控花期的目的；终夜照明法：整夜照明。

短日照花卉

短日照花卉指植物要求每天的光照时间必须短于一定的时间（一般在 12 小时以内）才有利于花芽的形成和开花。这类植物在长日照条件下花芽难以形成或分化不足，不能正常开花或开花少。短日照植物在夜间黑暗时间短或有人工光源间歇性干预的情况下也不能开花，其花芽形成开始前需要一段时间连续性的夜间黑暗。

观赏植物中，典型的短日照植物如菊花、一品红、蟹爪兰、伽蓝菜（长寿花）等，在夏季长日照的环境下只进行营养生长而不开花，入秋后，日照时间减少到 10 ～ 11 小时，才开始进行花芽分化。多数自然花期在秋、冬季的植物具有短日照特性，常见的还有苍耳、牵牛花等。

菊花、一品红等典型短日照植物，如进行促成栽培，通常采用给

一品红

予人工遮光处理，以使花期提早；如进行抑制栽培，则采用人工补光处理，以推迟开花。

植物通过感受昼夜长短变化进而调控开花时间的现象称为光周期反应。美国园艺学家 W.W. 加奈和 H.A. 阿拉德对光周期诱导植物成花转变的研究贡献最大，他们通过对烟草等植物进行研究发现，日照长短与开花紧密相关，由此证明植物可以测量日照长度并感知季节变化，同时也证明了叶片是感受光周期的主要部位。

盆栽植物

盆栽植物指用盆器栽植、观赏的植物。

依据观赏特征，盆栽植物包括盆栽花卉（盆花）、盆栽观叶植物、盆栽观果植物等。盆栽植物可用于室外环境布置，但更常用于室内观赏或装饰，因此多指室内植物。能使居住、办公空间绿色盎然、明亮鲜丽，让人们能够在紧张的生活、工作中欣赏到美景。同时，盆栽植物可吸收有害化学物质，使室内空气质量得到净化。

盆栽植物的用盆多种多样、大小不一。盆形容器的质地通常有泥、瓷、陶、塑料、石及木制品等材料，广泛应用于室内装饰、园林绿化、私家园林等。

室内盆栽

按盆形容器的尺寸分类，通常有：①特大型盆栽，盆径90～150厘米，适用于宽广的庭园或大规模的展览会。②大型盆栽，盆径75～90厘米，用于庭院、庭园或室内盆栽。③中型盆栽，盆径30～75厘米，双手即可自由搬动，管理方便，可布置室内玄关、客厅等，往往是最具有观赏价值、最能表现盆栽艺术的盆栽。④小型盆栽，盆径30厘米以下，单手即可搬动，管理、观赏方便，可布置茶几、书桌或小房间等。⑤超迷你盆栽，盆径10厘米左右，娇小玲珑，常用于案头玩赏。

盆栽植物观赏通常需修剪整姿，可依株型、株高、生长特性和观赏需求等进行。树木盆栽以树木为主体，石、草、苔及饰物为辅，模仿自然树相，加以修剪整姿，表达各树种的本质与特性。花草盆栽包括时令盆花，中国春节期间广受人们欢迎的年宵花大多也是盆栽植物。中国传统名花如山茶、杜鹃、兰花、菊花、月季、牡丹等均可盆栽观赏，室内观花期较长的盆栽植物还有热带兰类、一品红、仙客来、蟹爪兰、观赏凤梨、非洲紫罗兰、大岩桐等。

温室植物

温室植物指当地常年或某一时期，需在温室中栽培的植物。因与原产地的气候条件不同，很多观赏植物在栽培地常用作温室栽培。

温室植物种类因地区而异，因栽培目的而异。如茉莉在中国南方为露地花木，而在华北、东北地区则为温室花木。

观赏植物常用于展览温室，由人工控制温室环境条件，栽培和展示不同气候地区的特色观赏植物，营造特定气候条件下的温室植物景观。常见的展览温室植物有：以王莲、蓝睡莲为代表的热带水生植物，可周年观花的兰科、秋海棠类植物，原产热带、亚热带地区的天南星科、凤梨科、柑橘类观赏植物，原产干旱地区的仙人掌类与多肉多浆植物，观形、观叶或具有特殊观赏价值的温室植物，以及棕榈科植物、观赏蕨类、食虫植物等。

切花、盆栽观赏植物常用于生产温室，即通过人工设施进行栽培或花期调控栽培，以获得更大的经济效益。生产温室通常只栽培一种或几种植物，以便采用统一的管理和调控模式进行生产。常见的生产温室植物通常是原产热带或亚热带地区的不耐寒植物，包括周年生产的鲜切花种类，如香石竹、非洲菊、安祖花、鹤望兰等，作为盆花生产的热带兰

温室植物园

花、观赏凤梨、安祖花、仙客来、大岩桐、非洲紫罗兰等，用于室内盆栽观叶植物生产的棕榈科、天南星科、竹芋科、桑科、大戟科、萝藦科植物等，以及通过温室促成栽培的年宵花卉，如牡丹、芍药、月季、百合、杜鹃花、唐菖蒲、郁金香等。

温室的环境条件可部分或全部由人工控制。考虑到不同环境因子的综合影响，还常结合采取多种措施，如冬季寒冷地区的加温、加湿，夏季高温地区的降温、遮阴和通风等。对温度的调节需遵循逐渐变化的原则，符合各类植物的不同要求，且要避免夜间温度高于白天。光照管理需兼顾光照强度和光质。

第 3 章

植物景观设计

风景园林植物审美

风景园林植物审美指人类理解风景园林中植物外在形式及其意义的一种特殊方式，是人类与风景园林植物要素间产生的形象和感情的关系状态，即风景园林植物要素作为审美客体直接诉诸着感性的形象，同时也带有一定感情色彩，同作为审美主体的人类的逻辑思维和审美情绪息息相关，满足了人类主体对美的精神需求。

风景园林的植物审美特征主要包括 3 个方面：形式美、意境美和生态美。

◆ 风景园林植物的形式美

植物的形式美是指其外在形式直观作用于人类主体使其产生一定的审美情绪。植物的形式美包含众多审美因素，从感官角度来看有视觉、听觉、嗅觉、心理及文化等方面；从植物形态角度来看有自然美和几何美；从组合形式角度来看有个体美和群体美。无论从哪个角度来评价风景园林植物自身形式的美学价值，都具有一定的地域性和变化性。

形态美。植物的形态是表现风景园林植物景观艺术形式的基本要素，是植物呈现给人最直接的主体印象。随着人类社会的发展，人们对形态的认识也越来越全面，并形成了一种规则，具有一定的心理感受和视觉意义。形态的不同尺度、造型对植物的美学意义也不尽相同，植物形态美决定着景观的风格。无论是中式的设计风格还是西式的设计理念，无论是从个体出发还是以整体形式产生，在植物设计时都会充分运用造型手法展现植物的形态美。风景园林植物形态美包含个体美、群体美、自然美、几何美、造型美、线条美、图案美等诸多方面。

色彩美。色彩变化是植物美学特征的另一呈现因素和视觉直观印象，而人类的视觉对于色彩感知最容易形成美感。色彩作为组成园林艺术最基本的要素之一，是园林美的重要组成内容，植物景观尤其如此。园林植物最主要的色彩源自叶片、花朵及果实，也有的茎、干或者其他附属物也具备美丽的色彩。

质感美。植物的质感美是指整体的疏松与紧密、枝叶表面的粗糙与光滑、叶纹的深浅程度、叶缘的形态以及坚硬与柔软等质地特征对人产生的综合感受，不同的质感交错便形成机理的对比和变化。不同的质感会给人以不同的心理感受，同时植物的质感会随着植物不同生长发育阶段、人的观赏距离及季节更替等发生改变。

芳香美。嗅觉也是人们获取美景信息的重要途径，植物可以通过释放令人愉悦的气味使观赏者产生美好的感受。植物的芳香既能烘托主题、营造气氛，同时具有调节身心的作用，有的芳香植物还具有杀菌、防腐、药用、保健及美容等功能。通常将植物的芳香分为清香、甜香、浓香、淡香和幽香5种。人类在享受芳香的同时，还赋予许多芳香植物深远的文化含义，如兰花、梅花等，用这类植物营造景观时，可形成独特的韵味和意境美。

季相美。受温度、光照和水分等气候因子的综合影响，植物的生长发育随季节而发生周期性的节律变化，或荣枯交替，或产生花色、叶色、叶量、果实、体量、冠形、质地等周期性变化，从而形成了不同季节的特色景观。可以说植物是反映季节变化最直接的方式，典型的如温带地区春季草长莺飞、繁花似锦，夏季枝

中国江苏留园冬季雪景

叶繁茂、郁郁葱葱，秋日落叶翩翩、硕果累累，冬日雪满枝头、银装素裹。这种自然的季相变化给人带来不同的主观感受，成为园林景观美的最重要内容。

声音美。植物的声音美源于植物自身与环境或动物等的相互作用，松涛阵阵、雨打芭蕉、柳浪闻莺等都是以植物景观营造声音美的经典案例。人们从声音美中寻找到动人、悦人的享受，从而赋予植物一种动态美。人类对植物声音的赞美源自自身的心理活动，饱含着诸多的感情色彩，传递出不同的理解和情境。

◆ 风景园林植物的意境美

意境理论是中国古代美学中内涵最丰富、最能代表艺术作品审美特征的一个美学范畴。它是艺术家的主观情调和客观景物相互作用而形成的情景交融、物我合一的艺术境界。风景园林作为与山水诗画并行而出的一门综合性艺术，具有强烈的抒情色彩。因此，中国的造园先哲们在

崇尚自然的基础上，设计创造了丰富多彩的园林意境，以实现至高至美和美轮美奂的一种理想境界，而植物作为构成园林景观极具变化的景观要素具有极高的艺术情趣和精神内涵。中国传统文化给予了植物深厚的文化属性，从原始祖先"钻木取火"而把树木看成"神木"的原始崇拜，到人们以植物为题材的诗词歌赋、书法艺术、绘画艺术等，都极大地丰富了植物的文化内涵，赋予了植物虚实相生的意境美。与此同时，中国古人常把人的精神品质同自然现象相联系，将植物的生长喜好和方式同人生经历和社会发展相切合，赋予植物以人的品格和情操，并从这种联系中感受到自然美。如松、竹、梅、兰、菊、荷与人的精神品质相联系，受到文人雅士的喜爱，被赋予了人的品格，所形成的植物景观充满了诗情画意，成为园林中不可缺少的景物。因此，中国古典园林有着极强的抒情性。西方国家也善于将神话传

竹林

说的典故和寓意引入植物的人文美中，或是通过植物色彩来诉诸感情。当然，植物景观具有明显的地域文化特色，不同的历史和文化氛围对植物景观意境美的追求也有所差异。如在日本枯山水风格的景观中，运用孤植的树木和稀疏的枝叶表达出一种空灵、深远的意境，体现景观中禅意的主观意识形态，将景观赋予一种朦胧之美。

在现代风景园林植物景观的建设中，审美意境同样在提升景观质量

方面发挥着重要作用。园林植物景观不仅存在形式、时空界限和生态系统的特征，同时具有深远的精神特质，这就是现代风景园林师积极探索和追求的植物景观的意境美。立意是意境美的思想源泉，园林植物景观立意是根据植物空间的功能、性质、环境、观赏、生态等要求经过综合考虑所产生出来的，运用植物实体去体现设计的意图，让游人在观赏园林植物景观的同时体会到设计者所传达的设计思想和艺术风格。园林植物因种类的不同和品种的差异呈现各自不同的观赏特性，不同特点的园林植物之间进行组合，或与园林其他要素相配合，都会产生颇具特点、各具风格的园林植物景观。因此，设计师常用象征比喻、情景相融、文脉关联、内外借景、赋予历史含义和场所精神等手段来使园林植物景观的意境变得更为深远和宽广。因此，不同风格的园林植物景观会让人们产生不同的意境联想。

◆ **风景园林植物的生态美**

当代人类社会发展的需求促使生态学与美学相结合，催生了生态美学。生态美学将美学思考的重心落实在人类存在、发展与自然生态关系这一更为根本性的问题上，追求"人诗意地栖居在大地上"的审美境界。生态美学为现代风景园林学注入了一股新鲜的血液，风景园林审美价值观正逐步向着生态性转变。生态性作为园林植物景观的一个基础特性，是植物景观之所以能形成的最基本条件之一，而园林植物景观最重要的功能是发挥绿色植物特有的生态效益。因此，生态美成为园林植物景观美内涵中不可或缺的一个方面。

中国传统园林在植物景观塑造、环境气氛的表现及审美情趣等方面都蕴含着中国古代朴素的生态美学思想。首先，中国人受"天人合一"哲学思想的影响，凡事追求一种与自然相协调的方式，使万物顺其性情生长。对于植物的处理，从一开始就是以自然的手法为主；其次，中国古人注重人与自然之间种种整体关系的把握，其思维方式有着重直觉感知、轻逻辑推理的特点，植物景观对于欣赏者来说已不止于外部可视的形貌特征，人的心灵与之相融后，能产生更为深远的境界；最后，中国人历来在园林的选址上注重追求优美的自然环境，而对原址的大树、古树以敬畏自然之心加以利用和保护，更是植物生态美的体现。

现代风景园林也正在深刻地反省着曾经对于形式美的过度追求而产生的种种问题，开始了对自然的关注，对植物景观生态美的内涵的关注。植物景观的形成必然是以地方特色为前提，以生态条件为基础，以改善人居环境为目的。其生态美则要从遵循植物生长的自身规律及对环境条件的要求、乡土植物资源应用、野生动植物资源保护、植物物种多样性、群落结构多样性、植物景观类型多样性、景观结合生产与保护及改善环境、景观美化等诸多方面来展现，发挥风景园林植物景观的综合效益，达到社会效益、环境效益、经济效益和美学效益的协调统一。

古典园林植物景观

古典园林植物景观指在19世纪中叶现代城市公共园林兴起之前，历史上在以东方自然式园林、西方规则式园林等为代表的古典园林中，人类充分利用植物的生物学特性、美学价值和文化内涵创作而成的植物景观。

植物与土地、水体、建筑并称为风景园林设计的基本元素，自园林初具雏形时便为人所应用。植物景观的营造形式随着造园技艺的日趋成熟而得到传承和发展，并在不同类型的古典园林中形成了鲜明的特色。

◆ **历史沿革**

园林是人类利用自然或人工要素创造的产物，因世界范围内不同地域的自然环境、历史进程中不同阶段的经济技术水平、思想意识形态等差异，不同园林体系的植物景观也形成了各自的发展脉络。

中国古典园林植物景观沿革

东方园林以中国自然式园林为代表，自发源以来便遵循自然风景的构成规律；相应地，植物造景也以借助或模拟自然山林为审美取向。中国具备雄厚而多样化的植物资源，被西方学者誉为"园林之母"。这种优越的自然物质条件，正是中国古典园林植物景观的灵感源泉和发展基础。

中国古典园林的发展可分为生成期、转折期、全盛期、成熟期 4 个阶段。

①在先秦两汉的古典园林生成期，产生了从贵族宫苑到皇家宫廷园林的造园主流。殷、周时最初的"囿"用于王室狩猎，为豢养禽兽需广植树木，也有的在一定地段经营果蔬，植物景观功能不突出；"园""圃"则为专门种植树木果菜的场地，随着商品经济的发展和植物栽培技术的提高，满足物质需要之余植物进入审美领域，渐渐具备景观性。《诗经》中已有梅、竹、柳、杨、梧桐、槐、枫、芍药、兰、蕙、菊、荷等观赏树木和花卉的记载。众多宫苑中较有代表性的西汉上林苑，其广阔的地

域内不仅天然植被丰富，也有大量人工栽植的树木，甚至还有从南方和西域引种栽培的品种，兼具经济和观赏功用，并出现长杨宫、棠梨宫、青梧观等以花木为主题的风景点。

②魏、晋、南北朝是中国古典园林的转折期。名流文人的田园趣味、山水诗文的描绘吟咏，以及佛教的流传盛行，使得民间私家园林和寺观园林在此时蓬勃发展。园林中植物的生产功能退居其次，应用从收集奇花异木转为利用品类繁多的观赏植物，依照自然山林概括提炼、精巧设计，构建独具山林野趣的意境空间。从北魏《洛阳伽蓝记》"后魏王侯、外戚公主，擅山海之富、居川林之饶，争修园宅，互相竞夸……花林曲池，园园而有，莫不桃李夏绿，竹柏冬青"等文献记载中可见一斑。

③隋唐时期是中国古典园林全盛期。在经济文化繁荣发展的背景之下，观赏植物栽培技艺进步很大，培育出牡丹、琼花等珍稀品种，引种驯化许多异地花木，园林植物题材更为多样化。加之皇室规模浩大的绿化工程和诗人、画家对造园活动的直接参与，植物景观的艺术性得到提升。皇家园林中的绿化种植很受重视，如隋西苑、大明宫、华清宫等，均有植物配置而成的苑林区，分布着芙蓉池、梨园、椒园等以花卉果木为主题的小园林。"宫松叶叶墙头出，御柳条长水面齐""春风桃李花开日，秋雨梧桐叶落时"等诗文对此有所反映。文人园林自此兴起，重视园林植物的配置成景。如"池畔多竹阴"的白居易履道坊宅园、"草木蔓发"的王维辋川别业等，植物景观各具诗情画意。

④两宋至清朝是中国古典园林的成熟期。这一时期园艺技术发达，《全芳备祖》《群芳谱》《花镜》《菊谱》《梅谱》等综合性植物著作

和"花谱"类园艺专著大量涌现；咏赞植物风景的文学作品、山水画、花鸟画的高雅格调成为反映园林植物品赏的侧面。园林中植物的配置应用注重艺术效果，对自然生态的"写意"达到了技艺醇熟的境界，花木景观的观赏更为普遍地进入精神生活领域。如宋代的皇家园林延福宫、艮岳，直接以植物造景划分景区；文人园林则突显简远、舒朗、雅致、天然的风格，以植物为主要内容，多丛植或群植成林划分景域，并常以梅、竹、菊等象征高尚人格的植物寄托追求情趣。明清皇家和私家造园活动达到鼎盛，植物景观更因不同地域自

粉墙配植翠竹

然条件的不同，形成了明显的地方风格。北方皇家园林大内御苑的植物景观主要是为建筑庭院营造意境，也取玉兰、海棠、石榴等植物的祥瑞之意；而行宫和离宫御苑则多借自然地貌和植被，如避暑山庄中万壑松风、曲水荷香等均以植物景观表现特色。江南的私家园林代表着中国风景式园林艺术的最高水平，植物景观的塑造手法成熟，如桂花的丛植、粉墙配植芭蕉翠竹、漏窗与观赏花木构成的无心画等经典形式。岭南园林观赏植物品种繁多，包含亚热带花木和大量外来植物；四季花团锦簇、绿荫葱茏，榕荫的利用更是堪称一绝。

西方古典园林植物景观沿革

西方古典园林也呈现出自有的发展脉络。

公元 4 世纪之前，古埃及、古巴比伦、古希腊、古罗马的古代园林整体布局即为规则式，植物最初多应用在树木园、蔬果园中，注重实用性。植物种类及栽植方式多样，如椰枣、棕榈、无花果、刺槐等可以作为庭荫树或行道树，葡萄等作为棚架遮阴，形成绿廊。在古希腊的影响下，园林中装饰树木造景元素增多，也喜爱使用蔷薇、月季类植物和其他草本观赏植物。古罗马庭园中植物很大程度建筑化，开始流行修剪造型的树木、几何形的绿篱和花坛。

5～14 世纪的中世纪园林，发展受到政治、经济、文化水平的制约，主要为寺院和城堡庭园。植物仍是欧洲园林最重要的元素，如结园中低矮绿篱组成的装饰花坛、迷园中修剪整齐的高篱、与凉亭和棚架结合的藤本植物及铺设的草坪等，造景的同时以供游乐。寺院生活所需的药草园、香草园、果菜园等也广泛存在。

14 世纪文艺复兴从意大利开始，之后遍及西欧。在唯理哲学的影响下，大部分园林植物仍被作为建筑要素来处理。意大利台地园植物景观以常绿植物为主，依托建筑修剪成绿廊或绿墙，台地上布设方格形植坛；园林中常有盛花花坛和果树盆栽作为装饰，起源于古罗马的迷园和造型植物得到形式上的延续。法国勒诺特尔式园林形成了西方古典园林成熟的艺术风格，大量采用本土落叶阔叶乔木形成茂密丛林，并经修剪展示整体的整齐外观；或修剪成高大的绿墙构成绿色长廊，与巨大的鲜

勒诺特尔式园林之凡尔赛宫苑

花刺绣花坛相协调。

18 世纪，英国出现了自然风景式园林。疏林草地成为最具特色的植物景观，除林荫大道外，树木采取不规则的孤植、丛植、片植等形式，以彩叶树、花木点缀，并出现了充满野趣的带状花境等花卉景观。这一时期，东方尤其是中国的大量园林观赏植物传到西方，极大地丰富了西方古典园林的植物种类和景观构成。

◆ 营造特点

经过长时间的发展，各类型的古典园林最终具备了成熟的植物景观营造形式，并各自呈现出一些普遍性的特征。

中国古典园林在植物景观的塑造上，秉承园林艺术"虽由人作，宛自天开"的设计理念，不仅仅是对自然植被的利用或简单模仿，还加以审美意识下的改造和加工，在园林中集成复现天然植物景观。园林植物的配置多以树木为主体，与自然界的山林构成最为接近，但在应用的数量上往往不多，而是以高度的概括性表现天然植被的层次感。

在中国古典园林中，利用植物姿态、线条、季相变化的自然美进行布局和栽植，与建筑小品的人工美相辅相成，构成节奏合宜、丰富多彩的空间，达到"天人合一"的高度和谐境界，体现出场景的诗情画意。同时，园林植物不仅从视觉上，还从听觉、嗅觉各方面调动游人的意境联想，如雨打芭蕉、丹桂飘香等，达到情景交融的景观效果。在中国文化背景下，园林植物景观的文化内涵也独具特色。如拟人化的"岁寒三友""四君子"象征高尚的品格，被誉为"国色天香"的牡丹尽显雍容华贵之气，加之地域性乡土植物与当地历史文脉的呼应，使中国古典园林的植物景观在呈现典型天然山水环境之外具有了一定的人文象征意义。

西方古典园林植物造景则大多采用规则式的配置方式，对称均衡，无论是树木、草坪还是花卉，在应用时都排布成几何形，如行道树轴线、绿篱、模纹花坛等。植物材料甚至被建筑化，装点建筑或围合成特定的园林空间，如绿墙、绿廊或迷园。造型植物的运用受到重视，植物被修剪成几何形体、文字、图案，甚至动物或人物形象。即便是西方自然风景式园林的植物应用，也与中国古典园林差异很大，并非对自然风景的概括写意、以小见大，而是理性客观、以原本的尺度将植物组合为景观呈现出来。其自然的一面也体现在对植物种类的应用上，注重乡土物种与引种驯化植物的多样化，并创造了花境等自然化的花卉应用形式。

庭院居民区植物景观

庭院居民区植物景观指庭院或附属于住宅及居住绿地所形成的景观环境。

"庭园"指种有花草树木的庭院或附属于住宅的花园。与庭院、园庭、园宅等词汇相近。建筑物前后左右或被建筑物包围的场地统称为庭或庭院。在庭院中经过适当区划后种植树木、花卉、果树、蔬菜，或相应添置设备和营造有观赏价值的小品、建筑物等用以美化环境，供游览、休息之用的，称为庭园。庭园植物景观深受传统园林风格的影响，集中体现了各国园艺发展的最高水平。

城市居住用地内、社区公园以外的绿地统称居住绿地，包括组团绿地、宅旁绿地、配套公建绿地、小区道路绿地等。其中包括满足当地植物覆土要求，方便居民出入的地下或半地下建筑的屋顶绿地、车库顶板上的绿地。植物景观的营造需要根据绿地条件的差别满足不同功能的需求。植物配置应合理组织空间：平面疏密有致，结合环境创造优美流畅的林缘线；立面高低错落，结合地形创造起伏变化的林冠线。

◆ **设计要点**

庭园风格与植物景观设计：①中式风格。中式庭园在中国具有非常悠久的历史，由建筑、山水、花木等共同组成，极富有诗情画意，注重"模山范水""小中见大"，追求"虽由人作，宛自天开"的境界。传统庭园中屋后栽竹，厅前植桂花、玉兰、海棠，花坛种牡丹、芍药，坡地种白皮松，阶前植梧桐，转角种芭蕉，点景用竹子、石笋；小品用石凳、石桌、藤架；水池栽荷花……处处体现出典型的中国风格。现代中式庭园植物品种丰富，观叶、观花植物种类繁多，乔、灌、草、地被植物层次丰富。②日式风格。在枯山水式的坪庭中，以灌木景石配置法为最多。苔藓有青色、彩色的；草类中以羊齿苋、木贼草和兰花等为多；灌木中以竹子、茶花、杜鹃、桂花、冬青、黄杨、栀子等为多；乔木中以梅花、松树、杉树、橡树、柏树、枫树等为多。在茶庭式的坪庭中，

苏州园林庭院景观　　　意大利伊斯基亚岛欧式庭院景观

植物配置一般分为上、中、下三层。下层有苔藓及草本植物；中层是灌木，如竹子、黄杨、栀子、山茶等；上层植物以乔木为主，如松树、杉树、橡树、樟树等。③欧式风格。以意大利园林、法国园林、英国园林和伊斯兰园林为主要代表。庭园植物景观设计主要表现为林荫道、草毯、模纹花坛、花境、绿篱、造型修剪和专类花园等设计手法。

◆ 植物选择

居住区植物种类的选择：①优先选择观赏性强的乡土植物。②综合考虑植物习性及生境，做到适地适树。③宜多采用保健类及芳香类植物，不得选择有毒有刺、散发异味臭味及容易引起过敏的植物。④不宜引进入侵性强的外来植物。

◆ 植物配置要求

居住区植物配置的基本要求：①尊重总体设计的植物景观要求，既强调植物景观的整体统一，又强调局部特色鲜明。②植物配置不得影响建筑通风采光及日照的要求。③通过运用植物多层次搭配、季相色彩搭配、喜光与耐阴搭配、常绿与落叶搭配、木本与草本搭配等手法，创造丰富的植物景观。④强调物种的生态多样性，形成稳定的生态系统。⑤充分考虑植物的生长周期，形成近、中、远期植物景观。⑥保证合理的常绿与落叶植物比例，在常绿乔木较少的区域可适当增加常绿小乔木及常绿灌木的数量。

陵寝园林植物景观

陵寝园林植物景观指在中国帝王陵墓的地上建筑及其周边环境中运

用自然界中的乔、灌、草等植物。根据不同的环境条件，通过艺术手法，营造既能体现帝王陵墓地位，又能创造宏伟、庄严、肃穆的建筑环境的植物景观。

古代人去世后，在其坟墓上种植松柏的风俗由来已久。《白虎通》云："天子坟高三仞，树以松；诸侯半之，树以柏……庶人无坟，树以杨柳。"（东汉·班固）在当时，坟墓上植树是用来标识墓的位置。《昌言》云："古之葬者，树松、柏、梧桐以识其坟。"（汉·仲长统）到了汉代，墓域内种树已成风气。《盐铁论·散不足篇》中记载："今富者积土成山，列树成林。"但所种植的树木大多是松柏类。《西京杂记》曰："杜子夏葬长安北四里，墓前种松柏树五株，至今茂盛。"（东晋·葛洪）

陵寝园林植物景观布局根据陵寝的空间布局不同而不同。①陵山为主体的陵寝，种植柏树，形成矩形树列，轮廓简洁。以秦始皇陵为代表。②神道贯穿全局的轴线布局方式，则采用列植的手法种植松柏，

南京明孝陵石象路神道

彰显皇室的恢宏大气和礼制等级。如唐高宗乾陵。③建筑组群的布局方式，建筑与环境结合。如明清陵寝选择在群山之中，郁郁葱葱封闭的环境体现植物景观自然之美。

陵寝植物种类选择有以下5个特点：①寿命长的植物，常见的有苏铁、银杏、松科、柏科、山毛榉科、榆科、黄连木、香樟、楠木属等。

②可以避邪的植物，主要有垂柳、桃、梧桐、柏科等。③与宗教有关的植物，如荷花、贝叶棕、娑罗树等。④常绿植物，如冬青、罗汉松、白兰、石楠、广玉兰、蚊母、含笑、十大功劳、杜鹃等。⑤赋予人格化的植物，如竹、紫薇、白丁香、桂花等。

乡村植物景观

乡村植物景观指乡村中自然分布或长期栽培,和乡村居民长期共存、相互影响,并能满足其日常生活需求的一类植物。

乡村是一个区域概念,包含两方面的内容,一是指植物的生境,二是指乡村居民在长期的生产生活中和植物之间相互建立的关系。人类影响植物的分布,植物也在一定程度上影响人类的生活。

乡村植物由自然分布于乡村的植物和人工栽培的植物组成。前者相当于乡土植物,也包含伴人植物,是植物和乡村自然环境长期综合影响的结果。后者包括经济植物（如棉花、油茶、芝麻等）、粮食作物（如水稻、小麦、玉米等）、蔬菜植物（如甘蓝、莴苣、苋菜、韭菜、番茄等）、药用植物（如马鞭草、益母草、鬼针草等）、观赏植物（如月季、大丽花、虞美人等）、文化植物（如香樟、柏木等）、民俗植物（如南天竹、万年青、艾草、桃、垂柳等）。

◆ 乡村植物特性

乡村植物主要是指人工栽培植物,这些植物在人文环境的长期影响下,形成了以下特性：

①文化性。乡村植物在一定程度上是乡村文化的载体。其在中草药文化、饮食文化、民俗文化、信仰文化等乡村文化的形成中具有重要作用。中草药文化，在长期的生活中，乡村居民总结了利用乡村植物防病治病的方法，形成了独特的乡村中草药文化。饮食文化，乡村植物是乡村居民的食物来源，乡村的饮食文化基本上都和乡村植物有关。民俗文化，在乡村植物中多有体现，如端午节门框上挂艾叶、菖蒲，吃粽子；在婚嫁、建房中应用万年青、南天竹、柑橘、竹、柏、枣等。北方一些地区更有"稠李、桃、杏、枣，不进阴阳宅"等习俗。信仰文化，在乡村中的重要表现形式之一为植物崇拜，尤其是在少数民族聚集的村寨更加普遍，如在浙江等地小孩出生后常把古樟寄做母亲、古柏寄做父亲，以护佑小孩健康成长，逢年过节都需要到古樟、古柏前祭祀。另外，许多村庄过去有在村口保护和种植水口林的习俗。这些残存的树木是古树名木的重要组成部分。

②适应性。乡村植物具有明显的区域适应性。在一定的区域范围内，其生长繁茂，长势良好，表现出良好的抗逆性，即使在极端气候条件下，也能生存。一定区域内的乡村植物，能满足当地乡村居民的需求，并得到人们的广泛栽培。

③实用性。乡村植物的实用性主要指其食用性，其他还有制作纤维、提炼油脂、药用、调料用、色素用、婚嫁用等。在农耕时代，此类植物能够满足人类的基本生活需求。当前乡村植物实用性功能虽在减弱，但其重要性仍不能替代。食用植物主要有粮食作物的水稻、小麦、玉米、马铃薯等，蔬菜有甘蓝、萝卜、西红柿等，干果有板栗、柿、柚子、苹

果等。药用植物对一些常见病症具有积极的治疗效果，为乡村居民所用，很多单方、偏方也选用药用植物。调料用植物包括做甜味剂、调味品、辛香料的种类，如芸香科、伞形科植物等；色素用如杜鹃花科的乌饭树、马钱科的染饭花等。制作纤维，如棉花、麻类等锦葵科。提炼油脂，如大豆、油菜、花生、芝麻等。

④经济性。乡村植物具有明显的经济性，很多是当地居民的主要经济来源。有食用类植物、饮品类植物、药用类植物、民俗类植物等。常见的有茶、桑、果等。

⑤动态性。乡村植物中的栽培植物种类常受多种因素干扰发生变化，乡村居民常会引入一些新的种类和品种来满足新的需求，如百日草、凤尾鸡冠花等观赏类植物。已有的一些乡村植物，当村民需求有变化或有其他更优的引进植物代替时，会淡出当地乡村植物的行列，如苎麻、蓖麻、荞麦等。因此乡村植物的种类，从长期来说是不断更新变化的。乡村植物的功能动态性，随着乡村居民对植物的功能需求的变化，具有多种功能的乡村植物，在人工选择下，目标功能随之增强，其他功能随之减弱或改变，如桃、黄花菜、马兰、芍药、香椿等。

⑥教育性。乡村植物大都蕴含一定的民俗文化，充满神奇的传说，及附有正能量的故事，这些传说和故事，大多具有较强的教育意义。因此，有利于子孙后代、外来游客了解当地的文化历史，以传承优良文化，继承传统习俗，如乌饭树、阔叶箬竹等。

◆ **在农村人居环境整治中的应用**

根据乡村结构特点、村落风貌、村民需求、风俗民情和村民的审美情趣进行应用。植物材料以乡村植物为主，在原有的基础上以补充、点缀为主。养护管理以自然生长为主，尽少人为干预。

选择植物前需要实地调查、考察访问，并结合地方志，了解和掌握该区域居民对植物的禁忌和偏好。乔木以果树或药材树种为主；灌木和藤本以经济树种为主；草本以当地的蔬菜、中草药植物为主。对一些能满足村民生产生活需要的外来植物也可适当入选。

宜多用庭园手法配置，以满足当地居民的功能需求。对乡村已有的水口林和风水林要给予保留、保护。门前屋后原有的植物，是村庄的特有景观，在保护的基础上，适当补充和丰富，不宜打破原有的景观格局。对一些没有水口林或风水林的乡村，可根据村民需要配置水口林和风水林。

乡村植物种植施工作业时宜聘请当地居民，以充分利用他们熟悉当地乡村植物的种植技术和种植禁忌的优势。乡村植物的养护，因植物生长特性和种植目的不同而异，以自然生长为主，尽可能少剪少修，使之与乡村风貌相协调。

滨水植物景观

滨水植物景观指海、湖、江、河、湿地等水域陆地边缘地带，在水岸线一定区域范围内所有植物所形成的具有生态和观赏特征的植物景观。

按照滨水区域及植物亲水适应能力的不同，滨水植物景观通常可分为水生植物景观、湿生植物景观和陆生植物景观三类。水生植物景观通常以草本植物为主，木本植物为辅，其中草本水生植物景观具有植物数量繁多、生长繁衍速度快、形态相对低矮的特点，通常呈现统一、简洁、大气、自然野趣的植物景观风貌，而落羽杉、水松、池杉等木本植物能适应浅水生长环境，形成水上森林景观。湿生植物景观以耐水湿植物为主体，木本与草本植物兼备，具有植物种类丰富、层次变化多样、空间体验独特的特点，植物景观通常兼具多样与统一的风貌。陆生植物景观通常以高大的乔木群落为主体，以高大壮观的林冠线与广阔的水平面形成鲜明对比，具有植物群落稳定、空间疏密有致等特点，可以满足多样化的功能需求。

滨水植物景观具有重要的景观价值，调节滨水水文、净化水质、保护生物多样性等生态价值以及科普教育价值，其突出景观价值如下：①植物群体美。滨水植物以面状或带状的植物呈现规模效应。②水面倒影的灵动美。滨水植物营造倒影景观，应保证足够的空旷水面。③优美的天际线。水面—岸边—陆地形成近—中—远景的景深，充分运用植物景观、山体地形、水面等景观元素营造丰富的林冠线、天际线。④丰富的季相美。水湿生植物中不少具有晚春和夏季观花特征，滨水木本植物的春花秋叶的季相特点可以通过水面倒影得到强化。

滨水植物景观常用的种植方式包括自然式种植、种植床种植、浮岛式种植等形式。滨水植物的选择应遵循耐水湿、多样性、地域性、经济性、功能性等原则。滨水植物景观规划设计是指以具有较高观赏价值和生态价值的植物，充分利用植物的自然美和生态习性，运用科学与艺术手法，布局滨水植物群落，再现滨水植物自然景观，满足滨水绿地的综合功能。

树木造景

植物景观空间营造

植物景观空间营造指用植物作为材料营造园林空间。

◆ 重要性

园林空间是由山、水、建筑、植物等诸多因素构成的，中国古典园林营造非常重视空间的构建和组合，善于利用亭台楼阁、假山、云墙、回廊、漏窗等组织空间。

在现代风景园林规划设计和营造中，植物既能改善人类赖以生存的生态环境，又能创造优美的境域空间，因此成为风景园林规划设计和建设的主要材料，在园林空间营造中具有非常重要的作用。巧妙运用不同高度、不同种类的植物，通过控制种植形式、空间布局、规格及其在空间范围内的比重等，形成不同类型的空间，既经济又富有变化，往往能形成特殊的景观，以植物作为材料形成的植物景观空间更具有多变的个性及迷人的外观，更能给人带来丰富的视觉享受和强烈的空间感，给人留下深刻的印象。植物景观为主体营造的空间，通过不同植物的相互组合，能产生丰富的空间光影变化效果。

植物是园林空间的协调者，因为植物的基调是绿色，它使园林环境形成统一的空间环境色调，在变化中求得统一，园林空间无论是大是小，适当地运用植物材料往往能够使空间环境显得更为协调，如大空间选用体形高大的树种或以植物群体造景，小空间则选择体形相应较小的树种，便可满足空间比例、尺度协调的要求。

◆ **构成要素**

植物的整体形态。植物个体是构成植物景观空间的实体元素，植物个体的整体形态是指植物的外部轮廓，它是植物的树枝、树干、生长方向、树叶数量等因素的整体外观表象。园林中植物的形态可分为自然形态和人工形态两种类型。植物的自然形态是其自然生长过程与自然环境因子相互作用的结果，可分为乔木、灌木、藤本、地被草坪和花卉等。在植物景观设计中，植物的整体形态具有很强的艺术感染力。通过不同植物的组合，不仅形成了多样的植物景观空间，而且组合出变幻的植物景观局部构图。植物整体形态的差异也表现出其不同的艺术品质，如高耸的毛白杨给人以向上的象征，垂柳下垂的枝条又表现出流动、优雅与欢畅。

植物的局部特征。植物不同的叶形叶色、花形花色、枝形枝色、果形果色、质感、芳香等是其局部的重要特征，是人们近距离观赏的对象，而质感和色彩是人最容易体会和感受的特征。

植物的变化因素。植物景观空间与建筑空间的最大差异表现为植物景观空间的四维界面"时间"。时间的因素包括时期、季节和时刻等，它是植物景观中不可忽视的重要因素。譬如植物景观空间的变化体现在不同季节空间形态和品质的差异上。以落叶树组成的覆盖空间，在冬季时，可能倾向开敞的特征。在以落叶植物围合的空间中，随季节的变化，空间的围合性可能产生很大的变化。植物在盛花期和凋零、绿色和秋色叶的不同时段，形成了植物空间不同的风格和品质。

◆ 类型及其组合设计

植物景观空间类型

植物景观空间是一个有机的整体，在大多数情况下，植物景观空间都是通过水平要素和垂直要素的相互组合、作用而形成的。根据构成方式的不同，将植物景观空间划分为口字型、U 字型、L 字型、平行线型、模糊型、焦点型等不同的类型。

植物景观空间组合设计

在植物景观中，单一的空间构成是很少有的，一般都是由许多不同的植物景观空间共同构成的整体。因此，探讨植物景观空间之间的组合关系极为重要。植物景观空间的组合方式主要有线式组合、集中式组合、放射式组合、组团式组合、包容式组合和网格式组合 6 种方式。

线式组合指一系列的空间单元按照一定的方向排列连接，形成一种串联式的空间结构。

集中式组合是由一定数量的次要空间围绕一个大的，占主导地位的中心空间构成，是一种稳定的、向心式的空间构图形式。

放射式组合综合了线式与集中式两种组合要素，具有主导性的集中空间和由此放射外延的多个线性空间构成。

组团式组合是指形式、大小、方位等因素有着共同视觉特征的各空间单元，组合成相对集中的空间整体。

包容式组合是指在一个大空间中包含了一个或多个小空间而形成的视觉及空间关系。

网格式组合是指空间构成的形式和结构关系受控于一个网格系统，它是一种重复的、模数化的空间结构形式。

◆ 基本方法

空间尺度

针对小空间，植物种植应遵循金角银边，中间留白的原则，能使空间完整，小而不拥挤，小中见大。反之，要是在小空间中心位置进行植物种植，就会造成没有空间。如果空间尺度大，首先要根据整个空间的总体布局利用地形和植物进行空间划分，使空间尺度宜人，视角加大。如果视角很小，空间显得非常平淡和空洞，使空间失去使用价值。

空间之间的联系与过渡

进行规划布局时，第一步是划分空间大小；第二步是考虑空间之间的相互联系。空间不应该是独立的而应该是相互之间有联系的，所以在植物景观空间设计时一定要让空间留有缺口，使得大小空间形成系列，利用植物种植的疏密、缺口的大小进行联系和过渡。不同种类的植物配置，可产生不同的冠形、色彩、叶形、高低等变化，引导视线，引起不同的视觉感受，产生不同的景观效果。如在一条稍有弯曲的园路旁，分段配置不同的植物，也可结合山水、亭廊等，用花木或衬托、或掩映，使游人稍一变换位置，便能看到不同的植物景观，或看到不同的花木与相应的山池亭廊，这"步移景异"的空间效果之所以形成，就是依赖植物的烘托和掩映，由此联系和扩展空间感，最易为人理解和体验。

特定空间中的植物主题和特色

空间尺度和形态很重要，通过空间尺度、变化、边缘线等营造空间，但是仅有空间营造还不够，空间中的植物景观主题和特色也很重要。植物景观主题的营造往往依赖植物空间边缘，即密林和草坪之间的中层植物形成主题，如配置一定量的樱花就成为樱花主题。还可以配置桂花、鸡爪槭、垂丝海棠、枇杷等形成主题，从而使特定空间的植物景观特色鲜明。因为植物景观空间的营造既可以满足人的功能需求，如休憩、游览等活动，又可以欣赏特定的观赏植物。

孤植树和树岛

如果空间较大，可以在中间安排树岛或孤植树使空间产生变化，利用植物的种植形式形成不同的景观效果，或独立成景，或群体成势。

密度和光影的变化

光线和阴影是形成立体空间效果的重要因素。在立体空间中，善加利用不同环境中的阴影，就可以对大小和深度的知觉产生决定性的作用。植物景观在空间中的光影变化较之建筑、山石等更为丰富，通过植物群落密度和层次控制植物景观空间的光影变化。

植物与地形构成空间

园林中将植物与地形相结合，营造丰富的环境空间，增加景观层次，这是室外空间营造的一个重要手段，可以增强单纯由地形构成的空间效果。在植物景观设计时，要善于营造多样的地形，不同尺度的地形能够从宏观层面上提供不同类型的植物景观空间营造的条件，同时要重视微地形的处理，设计微地形时可以结合树丛、树群等形式，将大尺度的空间环境进行细化，以达到"大中见多"的空间景观效果。

植物与建筑构成空间

根据建筑的功能、位置、形式和色彩等不同的要求，合理选择植物材料，并尽可能地将建筑融入整个园林环境中。可以将建筑作为园林构图中心，周围形成丰富的植物景观，形成外向的空间形态，或以建筑和植物共同组合，围合形成内聚的植物景观空间形态，但不管怎样的空间布局，都要强调植物景观的主题性以及空间尺度、形式的丰富性。

植物与水体构成空间

水是园林的灵魂，水体根据大小又湖、溪、池等各种不同的形态。植物景观，考虑水面大小，选择体量合适的植物材料，营造空间感适宜的植物景观。例如湖的植物景观设计，可以以某种植物作为湖岸边的主体，以群植的方式，形成壮观的植物景观效果，同时在湖面运用岛、半岛、堤等造景手段，丰富空间层次，增加景深，但一定要保证观景视线的通透性。而在尺度较小的池，植物景观设计时要精致，以体量较小的水生植物点缀，形成视线开阔的空间。

植物与道路构成空间

道路在园林中不仅起到组织交通构成园景的功能，还是组织和划分空间的有效途径。根据道路的宽窄，营造不同的植物景观层次。在植物景观设计时，要根据道路的平面布局，设计树丛、树群，增加道路两侧的空间变化，可以形成"步移景异"的景观效果。在道路的交叉口或转弯处，设计树丛，起到障景作用，不仅增加空间尺度对比，还引导人的行动。道路两侧也可以形成特殊的空间效果，如密植常绿乔木，形成"甬道"，这样的空间效果更加强烈。

◆ 空间的围合度

空间的围合度太高或太低都达不到很好的效果。围合度太高，没有透视线和适当留出缺口，会导致人们心情压抑，空间缺乏通道，无法利用；围合度太低，空间不完整，空间感不强。空间的边缘线清晰与否很关键，边缘界线清晰就会形成良好的空间感，空间界限明确。通过乔木、中层植物、灌木和地被植物的多层次配合可以强化植物景观空间边界。

植物季相构图

植物季相构图指利用植物的季相变化进行植物景观的季相布局。

植物在生长发育过程中，叶、花、果的形态和色彩随季节而变化，出现周期性的不同外貌，称为季相。植物季相构图最主要的特点是动态的周期性变化。植物季相景观能带给游人无与伦比的美感享受。植物与季节相结合，在特定的气候环境下会形成别具特色的景观，如"踏雪寻梅""柳浪闻莺""曲院风荷""满陇桂雨""香山红叶"等。

风景园林植物景观设计中恰当地运用落叶树木，既有四季变化，又能更好地满足人们对冬季阳光的渴望，可以达到更理想的效果。在落叶乔木的中下层，可以进行丰富多彩的植物层次配置，形成多样的景观层次。

◆ 四季季相植物及配置

春季

春季季相不仅体现于花，也体现于叶，或者是花叶共荣。植物或以似锦繁花迎接春天的到来，或以色彩鲜艳的嫩枝嫩叶描绘春景的明媚。春天是一年四季中植物色彩变化最为丰富的季节，是植物配置和植物景观营造的重中之重。

许多观赏性很高的花木在春天开花，春季是赏花的重要时节。主要的观花树种有木兰科、蔷薇科、木樨科、杜鹃花科、忍冬科、山茶科等科的树木，花色红、黄、白、紫各异，形成百花闹春的景象。植物配置时可成片种植，也可单株或两三株成景。片植以花的数量取胜，突出整体景观，在较开阔的空间中能取得良好效果，如早春的樱花，盛花期仅两周左右，为了突出表现樱花的特色，可群植于常绿树前，樱花开放时，远远看去，如灿如云霞，春风吹拂，樱瓣飞舞，犹如飘雪，效果殊佳；单株或几株成景的花木便于游人近观，可装饰建筑、庭院等小空间，也可点缀于万绿丛中，使人产生柳暗花明之感。另外，草花、球根花卉色彩艳丽多变，种植于林下或草坪上能增加地面色彩，也可种植在花坛、花钵中起装饰作用。春季植物萌发的新叶也极具观赏

春季植物景观

性，叶片常常绿中带黄，此后色泽逐渐变深，由于树木发芽时间不同，这些深浅不一的绿色交织在一起，形成多层次的细腻的植物景观。有些树木的新叶是红色的，如石楠、山麻杆等；而有些常绿树种春季换叶，老叶会变红，如香樟、杜英等；有些树种则是常年异色，如红枫、紫叶

李、红花檵木等，这些特殊的叶色为春季景观增添了艳丽的色彩。

夏季

夏季天气炎热，气温较高，夏季植物景观的规划设计首先要给人创造凉爽宜人的环境，遮阴乔木的配置非常重要，如杭州西湖风景名胜区的曲院风荷公园，营造以荷花为主的夏季植物景

夏季植物景观

观，乔木覆盖度高，人们在树荫下观荷闻香，令人心旷神怡。能够形成夏季季相的植物较多，栀子、六月雪、广玉兰、合欢、紫薇、木槿、凌霄、蜀葵、美人蕉、萱草、凤仙花、玉簪、金银花，以及荷花、睡莲、王莲等水生花卉都是夏天季相植物景观中常用的植物种类。

秋季

植物的季相色彩以春秋两季最为灿烂，春天的色彩明艳活泼，秋天的色彩则成熟深沉而灿烂。秋色叶植物在入秋或经霜之后叶片由绿色转成其他颜色，整个树冠显得鲜艳而优美，产生胜似春花的效果。中国可以应用的秋色叶植物资源非常丰富，秋色叶呈现红色、紫色的有枫香、槭属、乌桕、黄栌、柿属、檫木、地锦属、小檗属、盐肤木属、黄连木、落羽杉、池杉、南天竹、花楸属、卫矛属、山楂属、悬铃木属等；呈现黄色的有银杏、金钱松、七叶树、白蜡属、杨属、榔榆、梧桐、槐属、栾树属、栎属、无患子、鹅掌楸、落叶松属等；呈现黄褐色、棕褐色的有大果榆、水杉、水松等。宋诗人杨万里《秋山》："梧叶新黄柿叶红，

更兼乌桕与丹枫。只言山色秋萧索，绣出西湖三四峰。"生动地描绘出
秋天色彩斑斓的美好景象。秋色叶树种宜大面积种植形成风景林，从整
体上欣赏秋色，以秋色叶植物景观著称的风景名胜很多，如北京香山、
南京栖霞山、江西庐山、苏州天平山、湖南岳麓山、成都米亚罗、杭州
西天目山等。这些山林常以常绿树种为基调和背景，用单一秋色树种形
成纯林，如北京香山的黄栌林，入秋满山红叶，蔚为壮观。此外，还可
以选择多样化的树种，如黄色的银杏、红色的枫香、黄褐色的水杉等配
置，形成丰富多彩的山林秋色。也可在尺度较小的范围内运用群植、丛
植、列植或孤植的手法，与常绿树进行色彩搭配或秋色叶植物本身进行
配置，形成五彩缤纷的秋色。

秋季是成熟的季节，累累的硕果带给人们丰收的喜悦。果实为亮红
色的植物有南天竹、小檗；殷红色的有火棘、荚蒾属；橙红色的有柿树；

秋天植物景观

紫红色的有十大功劳、紫珠等。黄山栾树的壮观的果序也是秋天靓丽的景观。秋季开花的植物较多，木芙蓉、大花秋葵、金桂、银桂、石蒜、雁来红、菊花都是秋天植物景观的重要角色。

冬季

与其他三季相比，冬季的植物景观洗去了繁华，更多体现出宁静悠
远的意境。冬季特有的植物景观，除了常绿植物的绿意，还有落叶树的

树姿树态，斑皮抽水树、油柿、悬铃木、榔榆、三角枫等植物树干和树皮独特的色彩纹理，蜡梅、茶梅和美人茶等山茶属植物冬季的花朵，金银木、火棘等植物初冬的果实。

冬季，杭州西湖公园绿地典型的植物配置是以落叶高大乔木为上层，常绿小乔木或灌木为中层，下层为耐荫地被植物；或是落叶大乔木和缓坡草坪形成简洁大气的景观。落叶大乔木作为上层，能让冬日的阳光进入植物景观空间，为人们提供阳光明媚的户外活动场所，中层的常绿树种则能弥补冬季绿色不足的缺憾，还能作为

冬天植物景观

冬季开花树种的背景，下层种植耐荫地被能形成空间边界，而树木和草坪的组合则为人们提供了自然开敞的活动空间。

◆ **植物季相景观布局要点**

植物景观的季相布局要注意 3 个要点：

①整体上兼顾四季，局部强化某个季节，与植物景观空间组合相一致。要放眼全局，突出局部季节特色。整体上兼顾四季景观是对一个大的公园或总的植物景观风貌而论，局部空间常以突出一季或两季植物景观特色为主，如果在局部空间中过分强调四季植物景观，则容易导致杂乱无章。整体兼顾四季，局部突出特定季节特色，在植物景观设计中做到季相韵律的整体均衡和局部变化，其次是与植物景观空间组合相适应。在每个

植物景观空间中,要明确以哪个季节的植物景观特色来体现空间特征。

②春秋两季为重点,凸显季节特色,营造典型植物景观。春季和秋季的植物景观变化丰富,加上春、秋两季气候宜人,游人出游多,在四季植物景观设计中通常以春秋两季为重点,占比可达70%左右。春天形成以不同花期和色彩的开花植物为主、春色叶为辅的植物景观;夏季是植物浓绿叶色为主、花果为辅的植物景观;秋季是以秋色叶植物和部分开花植物为主、果实兼重的植物景观;冬季是以常绿植物的绿色和落叶树木的树形枝干为主、冬季开花植物和果实为辅的植物景观。要根据地域和项目特点,提炼和营造典型的季相植物景观。

③优化植物群落层次结构,丰富群落季相。将不同高度和不同层次而又有季相变化的大乔木、小乔木或大灌木、小灌木、地被植物组合形成复层群落,使单个植物群落也可以具有丰富的季相变化而不至于杂乱。"玉兰-桂花-山栀子"植物群落,早春玉兰开花,夏季栀子洁白,中秋丹桂飘香;"水杉-香樟-鸡爪槭-蝴蝶花"植物群落,春有白色的蝴蝶花,秋有鸡爪槭和水杉的秋色,而香樟四季常绿,又是秋色叶的背景。

植物群落的水平结构对于季相景观也很重要,不同种类的植物在不同物候期呈现出不同的形态,针阔混交林、常绿落叶阔叶混交林、落叶阔叶混交林等所组成的群落,群落植物景观在不同的物候期显示的林冠线也不同,从而形成错落有致的季相植物景观和构图。

复层混交

复层混交指在植物景观设计中将两种以上植物组成多层次结构的设

计方式。

复层混交合理采用复层混交式种植，对不同习性的植物进行垂直混交，形成具有多层结构的植物群落，植物间相互补充、相得益彰，构成一个健康的、稳定的人工植物群落。复层混交能够比较充分地利用空间、营养和环境条件，增加绿量，提高环境保护如保持水土及防风固沙等方面的功能，还可以丰富季相变化，更加有效地营造植物景观空间，并充分发挥植物的群体美。

在风景园林中，复层混交的结构一般可分为乔木层、灌木层与草本层 3 个层次。在热带、亚热带地区，则可以增加层次，如大乔木、亚乔木、攀缘植物等，总层次可达四五层或更多。

植物种类依其所处地位和所起作用的不同可分为建群种、伴生种。在植物选择时，既要考虑各自的生态习性和生物学特性，又要考虑彼此之间的相互关系。最为关键的是对光照的需求和生长速度两个因素。强阳性植物和速生树种应在最上层，喜阴性植物则在下层。复层混交建构植物群落，应在尊重科学性的基础上，注重提高植物群落的功能和景观效果。

块状混交

块状混交指某一树种种植成规则或不规则的块状，与另一树种的块状种植交替配置的混交方法。又称团状混交。

块状混交在平地或地形起伏小的缓坡地可呈规则的块状，而在地形起伏较大的山地则可按地形自然变化而呈不规则的块状种植。块状面积原则上不小于达到树木成熟龄时每株植物占有的平均营养面积，一般可为 25 ～ 50 平方米。

林中空地

林中空地指人为或自然原因导致林木死亡之后形成的空地。

林中空地与周围林地比较具有明显的生境特点：林中空地的日平均

林中空地

气温在冬季明显低于林地，而在夏季则明显高于林地，气温日较差和年较差都大于林地；物种多样性相对丰富。

林中空地宜直接作为森林防火系统的组成部分，也可营造生物防火林带。林中空地的生境特点适宜强阳性树种如马尾松、枫香、辽东栎等更新造林，在森林景观建设中常在此种植强阳性色叶树种以丰富森林景观。

林 带

林带指在农田、草原、居民点、厂矿、水库周围和铁路、公路、河流、渠道两侧及滨海地带等，以带状形式营造的具有防护作用的树行的总称。又称防护林带。

林带可按其主要目的和功能分为防风固沙林带、农田防护林带、草原防护林带、护岸林带、护路林带、海防林带、防污林带等类型。每种林带具有不同的防护作用和特点，如防风固沙林带，系在风沙危害严重地区为防治流沙和改造沙地而营造，其作用在于降低风速，固定流沙；护岸林带主要用于固持河川岸滩，防止堤岸受水流冲刷侵蚀而崩塌等；护路林带是在铁路、公路沿线两侧保护铁路、公路，减轻或避免风沙、暴风雪、暴雨冲刷、泥石流、滑坡等危害，具有保护路基、美化路容、改善道路环境等作用。每种林带应根据不同的防护要求进行树种选择和配置。

风景林

风景林是风景名胜区中由不同类型的森林植物群落组成的森林植被景观。在森林的经济分类中属特用林种之一。以森林游憩、欣赏和疗养为主要经营目的，一般保护较好，不能随意采伐。林内蕴藏较多珍稀动植物，是生物学、林学、生态学和其他自然科学开展科研活动的理想场所，也是风景游览区、森林公园、自然保护区等的重要组成部分。

风景林的发展经历了 3 个阶段：①萌芽阶段，18 世纪开始至 1885 年，人们开始认识森林的美学价值。②形成阶段，1885 年至 20 世纪 70 年代初，森林美学研究趋于系统化，开始把风景林作为一种经营类型。③发展阶段，20 世纪 70 年代后，这一阶段的重要特征是，部分国家已形成系统的森林景观经营管理体系，并开始走上法制化和行业化的轨道。

风景林通常与名胜古迹融为一体。如中国安徽滁州的琅琊山，山地林茂泉清，寺院周围有百年以上的栎类林，以及青檀、桦树林、五角枫、黄檀林等。风景林还常与天然疗养胜地相结合。如中国著名避暑佳境江西庐山、河南鸡公山、河北避暑山庄等，都有大片的风景林。另外，驰名中外的湖南张家界森林公园、四川九寨沟风景区，以及浙江莫干山、雁荡山、千岛湖森林公园等，都是以风景林为特色的旅游胜地。

中国湖南张家界国家森林公园

风景林作为森林资源的一个类型，不仅能发挥森林游乐效益，还具有改善环境生态平衡的作用。在风景名胜区、城郊公园、自然保护区营造风景林，是发挥森林多种效益的极好方式和途径。风景林有利于恢复大自然的生态平衡，具有调节气候、保持水土、改善环境、蕴藏物种资源等综合生态效益。

防护林

防护林指可以保持水土、防风固沙、涵养水源、调节气候、减少污染，起到改善生态环境和人类生产、生活条件作用的有林地、疏林地和灌木林地。

防护林可按其主要目的和功能分为水源涵养林、水土保持林、防风固沙林、环境保护林、农田防护林、草牧场防护林、护路护岸林、海岸防护林等类型。水源涵养林是具有特殊意义的水土防护林种之一，最主要的功能是涵养保护水源、调洪削峰、防止土壤侵蚀、净化水质和调节气候等；水土保持林是为防止、减少水土流失而营建的防护林；防风固沙林是以降低风速，防止或减缓风蚀，固定沙地，以及保护耕地、果园、牧场等免受风沙侵袭为主要目的的防护林；环境保护林以净化空气、防止污染、降低噪音、改善环境为主要目的，包括城市及城郊结合部、工矿企业内、居民区与村镇绿化区的森林、林木和灌木林。

营造防护林宜选择生长稳定、长寿、抗性强的树种，以优良的乡土树种为宜，可以根据实际条件，营造乔灌木混交型等类型的混交林。根据防护目的和地貌类

福山郊野公园密林

型，水源涵养林、水土保护林、环境保护林等可以配置成片状、带状或块状，构成完整的防护林体系。

密　林

密林指成片、成块大量栽植乔灌木，郁闭度在 0.7 ～ 1.0 的林地。

密林的郁闭度高，阳光很少投入林下，所以土壤湿度比较大，其地被植物含水量高、组织柔软脆弱、经不住踩踏，不便于游人开展大量的活动，仅供散步、休息，给人以葱郁、茂密、林木森森的景观享受。密

林根据树种的组成又可分为纯林和混交林。

疏　林

疏林指成片、成块大量栽植乔灌木的林地，其郁闭度在 0.4 ～ 0.6 之间，常与草地结合。又称疏林草地。

疏林草地是园林中应用比较多的一种形式，不论是鸟语花香的春天，浓荫蔽日的夏日，还是晴空万里的秋天，人们常喜欢在林间草地上休息、看书、野餐等。

背景林

背景林指作某种背景功能的树林，起到衬托前景的作用，并与前景相互协调，相得益彰，不可分割。

南京中山陵音乐台

背景林植物种类组成符合群落结构基本特征，是与前景如植物、建筑、小品等景观要素构成一定相互关系的植物群落组合。如杭州太子湾公园逍遥坡空间的樱花树群以其南侧九曜山上的常绿落叶阔叶混交林为背景林，在背景林的衬托下，逍遥坡樱花景观更为突出；杭州花港观鱼公园雪松大草坪西侧的雪松群是大草坪樱花的背景林；南京中山陵音乐台照壁后的水杉林，构成整个舞台的大背景，水杉林和音乐台组合浑然天成，建筑与自然和谐统一。

树　丛

树丛指丛植树木构成的一组树。城市园林中最普遍的植物种植方式。

一个树丛可由二三株至八九株同种或不同种树木组成，其树种的选择、数量与间距，主要根据立意的要求，也包括使用功能和审美要求，并结合周围环境而定。

树丛的应用方式较为多样，如庇荫功能的树丛、观赏为主的树丛、视线诱导或者遮挡的树丛、配合建筑用来丰富立面形象的树丛等。庇荫为主的树丛，大多数全由乔木树种组成，宜采用单一树种，林下用草坪覆盖土面，树

北卡罗来纳州的松树丛球场

下可以设置天然山石作为坐石，或安置座椅。观赏为主的树丛，可考虑将不同树种的乔木和灌木进行混交，也可以与宿根花卉相搭配，要注意不同树种在不同季节的形态、色彩的搭配关系以及层次背景的艺术构图等。树丛之下一般不设置园路，园路只能在树丛与树丛之间通过。

树　群

树群指由二三十株以上、七八十株以下的乔木为主组成的人工树木群落。可分为单纯树群和混交树群两类。单纯树群由一种树种组成，混

交树群由两种以上树种组成。混交树群是园林应用的主要形式。

树群主要表现群体美，因此应布置在有足够面积的开阔场地上，如靠近林缘的大草坪、宽广的林中空地、水中的小岛屿、有宽广水面的水滨、小山坡及土丘等。在树群主要立面的前方，至少留出 4 倍树群高度、1.5 倍宽度以上的空地，以便游人欣赏。

树群在构图上要求四面空旷，群内的每株树木在外貌上都要起到一定的作用，即每株树木都要能被观赏者看到，因此规模不宜太大。规模太大，在构图上不经济，因为郁闭树群的立地内不允许游人进入，许多树木互相遮掩难以看到，对于土地的使用也不经济。因此，树群长度和宽度在 50 米以下。

牧场中的树群

树群组合的基本原则：①在高度上，乔木层应分布在中央，亚乔木层在外缘，大灌木、小灌木在更外缘，这样不致互相遮掩。但是任何方向的断面都不能像金字塔那样机械，应起伏有致，同时在树群的某些外缘可以配置一两个树丛和几株孤立木。②从树木的观赏性上，常绿树应分布在中央，可以作为背景，落叶树在外缘，叶色和花色华丽的植物在更外缘，主要原则是为了互不遮掩。但是构图仍然要打破这种机械的排列，只要主要场合互不遮掩即可，这样可以使构图活泼。

植物组群

　　植物组群指在绿地一定空间范围内，模仿自然植物群落结构，由一个或多个植物组合所构成的稳定的群体。

　　植物组群是参考自然植物群落形成的组合，其自身结构稳定，能营造稳定环境。

　　植物组群按照数量特征可以划分为单一组群和复合组群。具有一棵（组）主干树的植物组群为单一组群；由多个单一组群按照一定布局组成的植物群体为复合组群。植物组群按照垂直结构层次还可以分为单层植物组群、双层植物组群以及多层植物组群。

自然式种植

　　自然式种植指以模仿自然界森林、草原、沼泽等景观及农村田园风光，结合地形、水体、道路来组织的植物景观。

　　自然式种植不要求严整对称，没有突出的轴线，没有过多修剪成几何形的树木花草，是山水植物等自然形象的艺术再现，显示出自然的、随机的、富有山林野趣的美。种植时要充分挖掘苗木自然形态，模拟植物自然生长模式，结合场地地形、当地文化、布局构图、配置手法等，做出源于自然而高于自然的种植模式。

　　中国古典园林以自然式种植为主，如苏州园林，主要将诗情画意带入植物种植中。中国的自然式园林在18世纪传入欧洲以后，影响了英国的造园，形成了英式自然式（主要是疏林草地）。在近现代，中国园林又吸收了英式自然式的造园手法（主要是英式自然风景林的疏林草地和花境），并传承中国古典园林自然式种植手法，形成了现在的中国自然式种植，如花港观鱼、太子湾公园。

杭州西湖景区太子湾和花港观鱼公园的种植景观

自然式种植的特征有：①文化意境，中国的造园源于自然而高于自然，如山水诗、山水画、山水园，中国古典庭院中常以白粉墙为背景，配合山石、结合画题来设计，并在一定距离用月洞门及园窗为框景。 ②布局构图，布局上讲究步移景异，利用自然的植物形态，运用夹景、框景、障景、对景、借景等手法，形成有效的景观控制。③配置手法，有孤植、对植、丛植（树丛）、群植（树群）、带植（自然式林带）、园林风景林。④植物材料，根据植物的文化特性选择，如玉兰、海棠、牡丹、桂花代表"玉堂富贵"；根据植物的自然形态和组合效果选择。

规则式种植

规则式种植指以几何式、行列式、对称式种植，或者花木整形修剪成一定图案，以表现出人为控制下的几何图案美、规律美的植物种植方式。

西方国家是规则式园林的发源地，最早有记载的是古埃及法老庭院、以色列国王所罗门王的庭院，中世纪西欧的修道院回廊式中庭，文艺复兴时期的意大利台地园、巴洛克园林，文艺复兴末期的法国勒诺特尔式园林。在中国传统园林中，一般是在寺庙、陵寝类型的园林中有规则式种植的行道树。近现代以来中国从西方引进了规则式种植手法，在现代园林中都有应用和创新。

在园林中使用规则式种植，可体现端庄、严肃的气氛，但不同地区不同风格的规则式种植也会在严谨中流露出某些活泼。为了与建筑的线条、外形乃至体量相协调一致，通常不同地区的规则式种植有所不同。如意大利多山地，在山地上建台地，在台地上造规则式园林；法国多平地，则在平地上建造规则式园林，也能通过园林反映出各自的地方特点。

规则式种植的作业方式与一般的种植类似，分为人工种植和机械种植。通常有花坛、花境、绿篱、绿墙等几种种植形式。布局上，一般有明显的一个或多个轴线，轴线两边严格对称，或不对称，或将花木修剪成一定图案，并运用大量的绿篱、绿墙以区划和组织空间，有整齐、端直、美观的效

青岛中山公园中的规则式种植花坛

果。植物配置多采用对称式，株、行距明显均齐，树木整形修剪以模拟建筑体型和动物形态为主，如绿柱、绿塔、绿门、绿亭和常绿树修剪而成的鸟兽等。

行道树

行道树指沿道路按一定间距栽植的树木。又称荫道树或路树。能够美化街景、保护路面，对降温、防风、滞尘、降噪、调节小气候有缓冲作用。

世界上最早的行道树是公元前 10 世纪印度在喜马拉雅山麓的阿富汗至加尔各答大道上栽植的。中国早在周代（公元前 770 年）即已在道旁植树。至秦代修驰道，以青松为行道树。《汉书》记载"道广五十步，三丈而树"。汉以后各代都城，均有行道树栽植。

城市街道的行道树多沿车行道和人行道整齐排列。道路两侧树冠避免相互搭接，以保证车行道中央的空气流通。在无隔离带的较窄道路两旁，行道树下不宜配植较高小乔木或常绿灌木，以免妨碍汽车尾气等悬浮污染物扩散。行道树与建筑物间距至少 5 米，从树干中心到地下管道边缘水平距离（除热力管外）至少 1 米，树冠与一般架空电线间距 1 米以上。高压输电线走廊不宜栽植大乔木。行道树要求冠大荫浓、主干端直、分支点高、易成活、耐瘠薄、耐修剪、病虫害少；

行道树

花叶无毒、无恶臭；落果少，无毛絮飞扬；根深，树干下方和根际少萌蘖，地表不生横根。落叶树要求发芽早、落叶迟，且树形整齐。应根据不同气候带和气候条件因地制宜地选择适合当地生长的树种，如香樟、榕树、油松、银杏、椴树、悬铃木、珊瑚朴、鹅掌楸、国槐、栾树、无患子、凤凰木、木棉、水杉、合欢、枫杨、重阳木等。

行道树栽植可分为春植、秋植和雨季栽植。针叶树、常绿阔叶树和较难成活的大苗要带土球栽植。在北方，定植后 2～3 年，干燥季节和冬季临封冻前要充分灌溉，并适时采取修剪整形、补植、防病虫害和防风等措施。为防止行人踩踏树木基部，可在种植池上覆盖用铸铁或钢筋混凝土制作的树池篦子。

孤植树

孤植树指应用单株树木形成景观时所用的树木。又称孤立树。

孤植树是植物景观构图中的主景，要留有足够的空间，使树木能够向四周伸展。在孤植树的四周要有适宜的观赏视距，即在树高 4 倍左右的水平距离内，没有别的景物遮挡视线，以突出完整的单株树木的景观。孤植树在风景园林中也经常发挥庇荫功能。

◆ 树种选择

孤立树在构图上十分重要，树种选择要考虑在体形、姿态、树形、色彩、芳香等方面表现突出者。具体如下：①树体特别巨大者，如香樟、榕树等。树冠庞大，给人以雄伟浑厚的景观感受。②树木轮廓富于变化、姿态优美者，如柠檬桉、白皮松、油松、鸡爪槭、朴树、垂柳等。给人以姿态优美的艺术感染。③开花繁茂、色彩艳丽者，如凤凰木、木棉、玉兰、樱花、梅花等花木。④花朵具有浓烈芳香者，如白兰花、桂花、柚子等。给人以暗香浮动、沁人心脾的美感。⑤硕果累累者，如苹果、柿树等。⑥秋天变色或常年色叶者，如乌桕、枫香、鸡爪槭、银杏、紫叶李等。给人以霜叶照眼、秋光明净的色彩感受。

另外，最好选用乡土树种，以利于植物的健康健壮生长，否则难以形成巨大开展的树冠，也不可能产生很好的浓荫和壮观效果。

◆ 配置

孤植树可以配置在以下空间：①在开阔的大草坪或林中草地的构图重心上，与周围的树群或景物取得均衡。②在开阔的滨水区域，如河畔、江畔或湖畔。孤植树以水为背景构成视线焦点，游人也可以在树冠的庇荫下欣赏远景。③在高地、山冈上。孤植树可以使天际线更加丰富，游人也可以在树下眺望山景。

中国的山水园中，在假山蹬道口、悬崖上、水边或巨石旁，也常应用孤植树；园林透景框、月洞门内外，以及树丛组成的透景处，也是孤植树配置的良好位置。观赏孤植树在构图上有时作为建筑物的前配景、侧配景和后配景，姿态、色彩与建筑物既要调和又要有对比。在构图上，孤植树并非孤立存在，与周围景物互为配景；孤植树是风景的焦点，又是园林中从密林、树群、树丛到另一个密林的过渡。

作为丰富天际线及滨水景观的孤植树，须选用体形巨大、轮廓丰富、色彩与蓝色的天空和水面有对比的树种，如香樟、榕树、乌桕、凤凰木、木棉、银杏等。在小型的林中草地、草坪、较小水面的水滨，须选用体形小巧玲珑的树种或花木，如玉兰、海棠、樱花、紫薇、梅花等，还可以选用树形、线条特别优美或色彩艳丽的树种，如日本五针松、日本赤松、鸡爪槭、红枫等。在背景为密林或绿地的场合下，最好选用花木或红叶树为孤植树。姿态、线条、色彩突出的孤植树常用作自然式园林的诱导树、焦点树，如位于小溪的弯曲处、道路弯曲转折处的孤植树。

如果场地中已有上百年或数十年的大树，须优先加以利用，使整体植物景观构图与原有大树结合，成为园林植物景观布局中的孤植树。原有的生长 10 ～ 20 年的树木在布局中也可留为孤植树，可比新栽树木达成效果快。孤植树需要采用大树移植的办法，在经济或技术条件不允许移植大树时，则应选用生长快的树木，规格也要大于其他树木。华南地区可选用南洋楹、柠檬桉、白兰、木棉、凤凰木等速生树作为风景园林中的近期孤植树。华中地区，可选用悬铃木、鹅掌楸等速生树木作为近期的孤植树，银杏、鸡爪槭等慢长树只能作为远期的孤植树。

孤植树并不意味着只能是一株树，也可以是两株到三株同一个树种的树组成的紧密种植单元，株距不超过 1.3 米，远看如同一株树木。孤植树下不得配置灌木，远期孤植树可以在近期三五成丛地种植，作为灌木丛或小乔木树丛处理，随着时间推移，把生长弱的树木移出，保留生长势强、树形优美壮观的树木，最终成为孤植树。

庭荫树

庭荫树指以遮阴为主要目的的树木。又称绿荫树、庇荫树。

庭荫树早期多在庭院中孤植或对植，以遮蔽烈日，创造舒适、凉爽的环境，后栽植于园林绿地、风景名胜区等地。庭荫树的作用主要是形成绿荫以降低气温,提供良好的休息和娱乐环境。庭荫树一般枝干苍劲、荫浓冠茂,无论孤植还是丛栽,都可形成美丽的景观。

◆ 树种选择

热带和亚热带地区多选常绿树种作为庭荫树,寒冷地区以落叶树为主。一般要求生长健壮,树冠高大,枝叶茂密荫浓;荫质良好,冠幅大;无不良气味,无毒;少病虫害;根蘖较少;根部耐践踏或耐地面铺装所引起的通气不良条件;生长较快,适应性强,管理简易,寿命较长;树形或花果有较高的观赏价值等,具有以上条件的乔木大多为乡土树种。

◆ 配植

庭荫树可孤植、对植或3～5株丛植于园林、庭院,配植方式根据面积大小,建筑物的高度、色彩等而定。如建筑物高大雄伟的,宜选高大树种;矮小精致的宜选小巧树种。树木与建筑物的色彩也应浓淡相配。庭荫树与建筑之间的距离不宜过近,否则会影响建筑物的基础和采光。具体种植位置应考虑树冠的影子在四季和一日中的移动对四周建筑物的影响,一般以夏季午后树荫能投在建筑物的向阳面为标准来选择种植点。

◆ 主要种类

适合当地应用的行道树,一般也都宜用作庭荫树。中国常见的庭荫树,东北、华北、西北地区主要有毛白杨、加拿大杨、青杨、旱柳、白蜡树、紫花泡桐、榆树、国槐、刺槐等;华中地区主要有悬铃木、梧桐、银杏、喜树、泡桐、榉树、榔榆、枫杨、垂柳、三角枫、无患子、枫香、桂花等；华南、台湾和西南地区主要有樟树、榕树、橄榄、桉树、金合欢、木麻黄、红豆树、楝树、楹树、凤凰木、木棉、蒲葵等。

树 阵

树阵指用同等规格的树木等距离种植，形成树木组团的景观营造方式。

树阵在大型广场、大型公共建筑周围等公共空间中常见应用，以营造气势宏大而又环境舒适的绿色空间和植物景观。树阵对所用苗木的质量要求很高。营造树阵的树木应选用树干挺直、树形端正、冠形整齐、深根性、抗逆性强、生长势稳定、寿命长的树种，还应无刺、无毒，如银杏、悬铃木、榉树、大王椰子、华盛顿棕、水杉、中山杉、马褂木、国槐、栾树、白蜡、新疆杨等。为不影响人在树下空间的活动，树木分枝点应不低于 2.6 米。为保证树冠整齐一致，雌雄异株的苗木须选择雄株。由于树阵是同种类规则式组团种植，较易发生病虫害，因此对苗木病虫害检验和防治更为严格。

桃花树阵

树阵中树木的株行距要合理，以满足树木健康生长的空间需求，特别要防止株行距过小，阳光不足、通风不良，导致树木生长不良。一般行距应大于株距，取南北向，以利于通风透光。树阵下栽植的灌木地被等植物不能覆盖树穴，以不影响树木根系呼吸。

列 植

列植指乔灌木按一定的株行距成行、成带栽植树木的形式。又称带植。

列植多应用于街道、公路两侧或规则式广场、规则式园林绿地，自然式绿地也可布置在比较整形的局部，体现规整简洁、气势宏伟的景观效果，一般要求树种高大挺拔、树冠比较整齐、冠大荫浓，形成的景观比较整齐、有气势。

列植的种植行距一般乔木为 5～8 米，灌木为 1～5 米。列植树木要保持两侧的对称性，平面上要求株行距相等，立面上树木的冠径、胸径、高矮则要尽可能一致。但并不一定是绝对的对称，可以有规律的变化，如株行距不一定绝对相等。列植树木形成片林，可作背景或分割空间，通往景点的园路可用树木列植的方式引导游人视线。通直的道路最适宜采取列植的配置方式，选用一种树木，常为单行或双行，必要时亦可

道路两侧列植

多行，或用数种树木按一定方式排列。行列栽植宜选用树冠体形整齐的树种，常用树种中，乔木有油松、侧柏、雪松、龙柏、银杏、国槐、白蜡、元宝枫、毛白杨、柳杉、悬铃木、木棉、臭椿、垂柳、馒头柳、合欢等；小乔木和灌木有丁香、红瑞木、小叶黄杨、海桐、红叶石楠、西府海棠、木槿、紫薇等。

对 植

对植指在植物景观设计中，将数量大致相等的园林树木在轴线两侧栽植，使其互相呼应的种植形式。

对植可以是两株树，也可以是两个树丛，其动势倾向轴线方向。与孤植树作为主景不同，对植作为配景。

对植多应用于大门两侧、建筑物入口、广场或桥头、石阶两侧，起衬托主景的作用，或形成配景、夹景，以增强纵深感。在公园门口对植两株体量相当的树木，可以对园门及其周围的景观起到很好的引导和强调作用；在桥头两侧对植树木，可以增强桥梁的稳定感。对植也常用在纪念性建筑物前面，选用姿态、体量、色彩与纪念主题相吻合的树种，发挥衬托作用。两株树的对植一般要用同一树种，姿态可以不同，但动势要向中轴线集中。自然式栽植中

上海黄炎培故居前对植桂花

也可以用两个树丛形成对植，其树种和组成要比较相似，避免呆板的绝对对称，又要形成相对均衡的感觉。

对植多选用树形优美的树种，常用的有雪松、龙柏、冷杉、云杉、大王椰子、苏铁、桂花、玉兰、银杏、蜡梅、龙爪槐等，整形的大叶黄杨、红檵木、罗汉松、红叶石楠、海桐等也常用作对植，以形成规整对称的效果。

林缘线

林缘线指树林或树丛边缘上树冠垂直投影于地面的连接线。即太阳垂直照射时地上影子的边缘线。

林缘线是植物景观布局在平面上的反映，是植物景观空间划分的重要手段。植物景观空间的大小尺度、景深、透视线的开辟、场地空间氛围的形成等都与林缘线设计密切相关。优美动感而富于变化的林缘线是植物景观的重要组成部分，既是空间边界，又是植物景观呈现的最佳场所，是空间的视觉焦点。利用高矮体型不同的乔灌木形成组合，高低错落，或连或断，前后呼应，既丰富了植物景观空间景深层次，又丰富了植物景观在线条、色彩上的组合形式，加上植物景观的季相变化，形成动人的植物景观。复层植物群落形成饱满的林缘线，可以使植物景观空间界限更加明确。

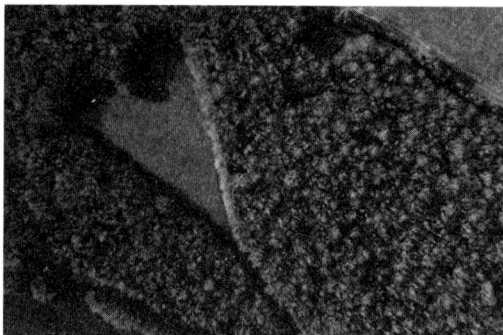

英国格洛斯特郡威克沃橡树林林缘线

林冠线

林冠线指树木的树冠和天空的交接线。

由于树木种类繁多，丰富多样，又具有不断生长和季相变化等特性，与建筑、山体等形成的天际线相比，由树木组成的林冠线具有虚实变化、色彩变化和季相变化等特点。选用不同树形的植物如塔形、柱形、球形、

垂枝形等，可以构成变
化强烈的林冠线；选
用不同高度的植物，可
以构成高低变化的林冠
线；结合地形高低变
化，布置不同的体量的
植物，可以形成高低不

四川省龙苍沟国家森林公园林冠线

同的林冠线。自然的林冠线可以丰富景观画面，打破空间和建筑的单调
和呆板感。在植物景观规划设计和营造中，应该充分利用和把握植物竖
向形态，结合地形，使林冠线有节奏地变化，形成植物景观的韵律美。

骨干树种

骨干树种指各类型园林绿地的重点树种。

根据不同功能类型的绿地，选用具有不同实用功能和景观价值的树
种，并在不同的园林绿地类型中起骨干作用，能形成全城或区域的园林
绿化特色，一般应为适应性强的乔木树种。根据城市规模大小，骨干树
种以 5 ～ 15 种为宜。

基调树种

基调树种指各类园林绿地都要使用的，种植数量最大的，能形成全
城或全域绿化统一基调的树种。

基调树种必须审慎精选，种类不必多，每个城镇 1 ～ 4 种即可，须

为适应性强的乔木树种。基调树种常与市树相关联，如中国北京市之槐、江苏省南京市之雪松、福建省福州市之榕树、重庆市之黄葛树、浙江省杭州市之香樟等。

特色树种

特色树种指具有特定地域特色的园林绿化树种，能充分反映当地植被特色和城市风貌，可作为城市植物景观重要标志的树种。

特色树种是树种规划的重要内容。以范围大小而言，有以形成国家、省份、城市等不同规模地域特色的树种，也有形成一条道路、一个公园或特定项目的特色树种。特色树种是形成地域特色和场地特色的重要因素，如浙江省杭州市的市树香樟和市花桂花是形成其城市特色的特色树种，牡丹、雪松和广玉兰是杭州花港观鱼公园的特色树种。

优势树种

优势树种指在森林植物群落乔木层中占优势的树种。

有的群落只有一种优势树种，有的则有两种或更多。优势树种的作用仅次于建群树种，随着群落演替，有时优势树种的优势度上升，逐渐成为建群树种。优势树种对形成群落环境和群落外貌、结构等特性起重要作用，对森林景观（如季相演替、林冠线等）具有重要影响。风景林林相改造时，在一定范围内可以人为调节优势树种的种类。在森林资源调查规范中将林木蓄积量或乔木层株数超过 65% 的树种称为优势树种。

在群落中，作用仅次于优势树种的称为亚优势树种，其在群落各层中常占有重要地位。虽不起主要作用，但是构成群落固有的树种称为伴生种，偶然出现的罕见树种称为偶见种。

绿　墙

绿墙指垂直绿化的形式之一。用藤蔓植物或其他植物对构筑物或其他空间的垂直面进行装饰而形成的绿色屏障。

绿墙的主要形式有两种：

①由藤蔓植物覆盖的建筑外墙。使用不锈钢或木质网格等作为植物攀缘的支撑，使之形成一面绿墙。选用的藤蔓植物如爬墙虎、凌霄、紫藤、蔷薇等，一般种植于墙底部的土壤中，不需要使用容器，也不需要额外的生长基质及灌溉措施，使植物在室外空间自然生长。

②在模拟攀缘植物形成的绿墙基础上，由支撑系统（钢架结构）、灌溉系统（滴灌或喷灌）、基质（泥炭等）、绿色植物及防水系统共同组成的一种立体绿面效果。

世博园主题馆外的生态绿墙

可以应用于室内开敞或封闭的建筑空间内部植物墙。植物主要选择耐阴性强的观叶植物，如合果芋类、小绿萝、袖珍椰子等。

绿　篱

　　绿篱指用灌木或小乔木以相等的株行距密植成单行或双行，形成规则的种植形式。又称植篱、生篱。

　　绿篱通常情况下种植成行成列的规矩式，或者根据需要围合的区块种植成自然形。作为绿篱的植物一般需符合植株萌发力强、发枝力强、愈伤力强、耐修剪、耐荫力强、病虫害少等特征。常用的绿篱植物有黄杨、红叶小檗、小蜡、龙柏、侧柏、木槿、黄刺梅、蔷薇等。

　　绿篱的形式多样，按修剪的高度分为矮绿篱、中绿篱、高绿篱。矮绿篱的高度控制在 0.5 米以下，应用于花境、花坛、草坪图案花纹等镶边。中绿篱的高度控制在 0.6～1.2 米，具有较好的防护作用，多应用于种植区的围护及建筑周边种植。高绿篱的高度控制在 1.2～1.8 米，人的视线可以通过，但不能跨越而过，多用于绿地的防范、屏障视线、分隔空间、做其他景物的背景。

中绿篱

树墙的种植方式与绿篱相同，但植株高度高于 1.8 米。绿篱按植物类型分为绿篱、花篱、果篱、刺篱。绿篱由常绿或落叶的小乔木或灌木品种构成，如红叶石楠、金森女贞等。花篱以花色鲜艳的植物品种为主，如木槿、夹竹桃等。果篱种植可以观赏鲜艳果实的植物，如火棘、无刺构骨等。刺篱由具刺的植物品种构成，主要用于防护作用，如构骨、凤尾兰等。

高绿篱

高绿篱指园林常用的植物配景和造景的形式之一。用高度为1.2～1.8 米的灌木或小乔木以相等的株行距密植成单行或双行的规则的绿色篱垣。

人的视线可以透过高绿篱，但人不能跨越，因此高绿篱多用于分隔绿地中不同功能的空间，如在自然式布局绿地中需要局部规则式空间时，使用高绿篱进行隔离，使风格不同的空间布局形式得到缓和，同时也保证各景区之间互不干扰，各具特色。高绿篱也可用作其他景物（如喷泉和雕像）的背景，高绿篱的高度要与喷泉或雕像的高度相称，植物的色彩要与雕像的色彩相协调。高绿篱还可以在不雅观的建筑物或园墙、挡土墙等的前面做遮挡篱。高绿篱具有屏障视线的功能，在绿地的应用中可以组织游览路线，引导游客进行游览，同时也可以保障分隔空间的私密性。

在南方，高绿篱一般选择常绿树种，以确保其发挥屏障视线的作用，常用品种有红叶石楠、珊瑚树等。在冬季气候寒冷的地区，高绿篱也可选用落叶树种，但在冬季落叶后，会增加视线的通透感，不能起到屏障视线的作用。

树　墙

树墙指用高度 1.8 米以上的灌木或小乔木以相等的株行距密植单行

或双行，或借助棚架种植攀缘植物形成一定高度形成的植物景观。树墙是园林常用的植物配景和造景的形式之一。

树墙可以隔离空间，也可以阻挡视线，形成一个私密性较强的独立空间。常用植物品种的选择要求为常绿灌木或小乔木，且通过修剪达到高度要求，如蜀桧、红叶石楠、龙柏、侧柏、珊瑚树等。通过棚架做成的树墙的形式对品种的要求相对较低，一般选择攀缘植物如络石、常春藤等。也有用果树攀附在棚架上形成一定的造型做成树墙的形式，但私密性不强。

树　坛

树坛指树木种植高于地面，为保证树木生长所必需的空间，四周用侧石、单砖斜砌、砼预制板、初鉴花岗岩条石、磨光花岗岩或木质材料堆砌而成的空间。

树坛的大小没有固定的要求，可以根据种植的乔木树高、胸径、根系情况综合考虑来确定。树坛形式也可以多样，采用较多的是正方形，也有长方形和圆形。树坛内的填充形式也多样，可以是植物填充型，卵石、砾石填充型，预制构件覆盖型等。植物填充型多选择低矮的地被植物，如沿街草、吉祥草或整齐的绿篱等。

树坛广泛使用于公园、游园、广场及庭院。由于受外界干扰少，树坛主要为游园、健身、游憩的人们提供服务，往往与坐凳、园灯、广告栏等相结合。

树 池

树池指树木种植后，四周用侧石、木质材料、不规则形状的石材等隔离而成的空间。

树池内的土壤高度基本上和周围地坪相一致。树池的大小没有固定的要求，可以根据种植的乔木树高、胸径、根系情况综合考虑来确定，也可以根据景观的需要来确定。树池的形式多样，可以是规则形的，如正方形、长方形或圆形，也可以是不规则形，如建筑物角落的树池，会根据建筑物的结构来划定树池的形状。

树池的覆盖物可以是硬质的，如卵石、砾石填充型；砼预制盖板覆盖板；铸铁盖板等。也可以是软质的，使用植物（多选择低矮的地被植物）如沿街草、吉祥草或整齐的绿篱等。

树池广泛使用于行道树和分车带，对适宜部位进行软硬覆盖，即采用透空砖植草的方式，使分车带绿化保持完整性，又不失美化效果。也可以用于公园、游园、广场及庭院，用

砾石填充树池

树池分隔空间，确保树木的生长空间。尤其在古树名木的保护中，多采用树池围护的方式，保证古树名木不受人为的破坏。

植物雕塑

植物雕塑指运用某些植物耐修剪、易造型的特点对植物进行修剪、蟠扎，体现艺术形态，形成一个有生命力，不断变化、成长的艺术品。植物雕塑是园林植物特殊的应用方式之一。

植物雕塑是将雕塑艺术融合在园林植物中，对植物直接进行园林艺术的修剪、蟠扎，将植物塑造成简单的几何整形（球形、立方体形、角锥形、圆柱体形）、复杂几何整形（层状整形、螺旋体形等）、动物整形及各种奇特的整形（汽车整形、飞机整形、抽象和自由式整形等）。常用的植物有松柏类、女贞类、黄杨类、国槐类、榆类等，如通过蟠扎、

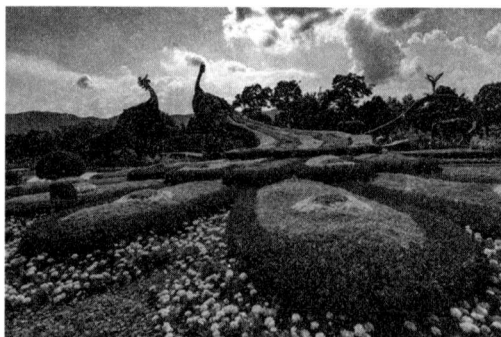

动物整形

修剪等手法将落叶乔木紫薇造型成花瓶的形状。园林中常见的罗汉松造型苗被广泛应用于别墅、庭院及精致的园林绿地中。

树桩盆景也可作为植物雕塑的特种类别，以树木为主要材料，将石材、植物等素材组合在盆中，以源于自然又高于自然的意向，通过整形、修剪、蟠扎等艺术手法使之成为一件富有诗情画意的、自然美与人工美巧妙结合的、有生命的雕塑艺术品。树桩盆景使用的主要植物品种有五针松、榔榆、雀梅藤、罗汉松、榕树等。

植物雕塑也可以采用嫁接的手法，以某一植物为砧木，在其植株上嫁接不同品种的植物，再对其进行加工造型，如姿态各异的悬崖菊、塔

菊或动物造型的菊花品种。

植物迷宫

植物迷宫指运用植物划隔形成狭路的可娱乐空间。

植物迷宫最早出现于古罗马时期，也是中世纪后期贵族常见的娱乐形式之一。文艺复兴时的庭园中，植物迷宫是不可缺少的附属物。在英国都铎王朝时期，迷宫最早以矮灌木和草本迷宫的形式出现，建于1689年的汉普顿法院迷宫是英国最古老的树篱迷宫。1747年，清乾隆帝（1735～1796年在位）修建圆明园，引进了植物迷宫，但由于中西方文化差异，直到近现代才逐渐得以发展。

设计和建造植物迷宫时，要选择排水良好的开阔地段。原则上要求通过丰富的形态、尺度、材料等，创造宜人的空间以满足人们从安全到心理的各层次需求。设计要按一定比例在图纸上进行，并根据设计图案和植物材料进行现场放线和施工。植物栽植前要深翻土地、扩除杂草并施用有机肥，确保植物迷宫可以维持较长的使用年限。场地准备工作在种植前2～3个月准备好。适合做植物迷宫的植物有龙柏、瓜子黄杨、大叶黄杨、法国冬青、黄槐、垂叶榕、凤尾竹、向日葵、玉米、茉莉、含笑、白兰花、桂花等。

植物迷宫通过点、线、面、色彩和肌理的运用，充分调动人们的感官体验，不仅可供人们休闲娱乐、缓解生活和工作压力，还提供了人们与自然交流的空间，应用在植物专类园、儿童游乐园、花坛和观光农业园等。此外，植物迷宫还具有康复功能，达到精神治疗的目的，这种治疗形式已被应用在医院、康复中心、校园和治疗花园中。

　　植物迷宫按平面构图形式分为自然式植物迷宫、几何形体式植物迷宫和混合式植物迷宫，几何形体式植物迷宫又分为圆形植物迷宫、方形植物迷宫和三角形植物迷宫。植物迷宫按植物材料和应用方式分为绿篱形式植物迷宫、草坪形式植物迷宫、花坛形式植物迷宫和芳香植物迷宫等。

第 **5** 章

草坪地被

暖季型草坪

暖季型草坪指由适宜生长在温暖湿润的热带和亚热带地区的草种子播种或草皮铺植而建成的草坪。

暖季型草坪草适宜生长在温暖湿润的热带和亚热带地区，原产地主要是东亚，包括中国、日本和朝鲜半岛。暖季型草坪草主要属于画眉草亚科和黍亚科，常用的种类有结缕草属的结缕草、沟叶结缕草、中华结缕草、细叶结缕草，狗牙根属的普通狗牙根、杂交狗牙根等，蜈蚣草属的假俭草，地毯草属的地毯草，野牛草属的野牛草，雀稗属的巴哈雀稗（百喜草）和海滨雀稗，钝叶草属的钝叶草，画眉草属的弯叶画眉草，狼尾草属的铺地狼尾草等。

中国暖季型草坪草主要分布在长江以南的广大区域，但由于狗牙根属和结缕草属中的某些种类抗寒性较强，可分布到较寒冷的山东半岛和辽东半岛。暖季型草坪草耐热性好，生长最适温度 25 ～ 35℃，多为短日照 C_4 植物，一年中仅有夏季一个生长高峰，春秋生长缓慢，冬季休眠。暖季型草坪草用种子播种繁殖或草皮无性繁殖，但由于种子产量低，某些种类发芽困难，实生苗生长缓慢，故生产上以无性繁殖为主。暖季型草坪草适应性强，多数喜中性偏酸性土壤，但有些种类，如结缕草属的中华结缕草、大穗结缕草耐盐碱能力很强。

冷季型草坪

冷季型草坪指由适宜生长在温带、寒带，以及亚热带、热带的高海拔地区的草种子播种或草皮铺植建成的草坪。

冷季型草坪草又称冷地型草坪草，通常分布于温带、寒带，以及亚热带、热带的高海拔地区，包括隶属于禾本科早熟禾亚科和莎草科的草坪草。世界上常用的冷季型草坪草主要分属于早熟禾属、羊茅属、黑麦草属和翦股颖属的20余种，代表种类有草地早熟禾、高羊茅（苇状羊茅）、多年生黑麦草、小糠草、匍匐翦股颖等。

冷季型草坪适宜在中国黄河以北的地区生长，绿期长，抗寒性强。冷季型草坪草一年中有春秋两个生长高峰期，最适生长温度 15～25℃，多为长日照 C_3 植物。夏季生长缓慢，并出现短期休眠现象，一般在南方越夏困难，必须采取特别的养护措施。冷季型草坪草生长迅速，品质好，用途广，可用种子或营养体繁殖，大多数种类种子产量高，但耐热性差，抗病虫能力弱，要求精细管理，使用年限短。大多数种类适于 pH6.0～7.0 的微酸性土壤。

混播式草坪

混播式草坪指两种或两种以上草坪草混合播种构成的草地。

可以根据草坪草的生物学特性及功能和人们的需要进行合理搭配，

如用夏季生长良好的草坪草和冬季抗寒性强的草坪草混播以延长草坪绿期；用宽叶草种和细叶草种混播以提高草坪的弹性；用耐践踏性强和耐修剪混播，以提高草坪的耐磨性；用速生草种（一年生）和缓生草种（多年生）混播以提高建坪的速度和延长草坪的使用年限。几种草坪草混合播种，可以使草坪适应差异较大的环境条件，更快形成草坪和延长草坪使用的年限，但缺点是不易获得颜色纯、质地一致的草坪。

疏林草坪

疏林草坪指具有稀疏的上层乔木，以下层混生草本植被为主体，林木的覆盖率一般不超过 10% 的植物造景形式。又称疏林草地。

疏林草坪模拟自然界的疏林草原景观。原生群落中，上层常为落叶阔叶林，如栎林、桦林和杨林，下层主要为禾本科、豆科、莎草科的牧草，以及地榆、柴胡、唐松草、蓬子菜、败酱、黄花菜等野草。疏林草原的气候干湿交替，生物群的季节变化非常明显。雨季，草本植物特别繁茂，使得很多食草动物从高山迁到草原，大型食草动物如羚羊、斑马等喜欢在草原上集群活动和快速奔跑，各种食肉动物也随之而来。

疏林草坪以舒缓的地形、大面积的草坪和独特的植物景观为特色，以视觉观赏性、活动参

疏林草坪

与性为主要特色，在发挥景观功能的同时，也为多种休闲活动的展开提供了空间场所，是园林绿地系统的重要组成部分。

疏林草坪空间中常以体量较大的观赏乔木孤植或片植形成空间的视觉焦点，其实体空间界面包括顶部覆盖、垂直分隔和基底植物三部分。与密林不同，疏林的乔木树冠互不相连，阳光能够透到地面，但仍能提供一定的树荫。因此，构成疏林草坪的顶部覆盖空间，在夏季为人们提供了良好的遮阴和休息场所。垂直分隔部分形成了强烈的空间围合感，是疏林草坪空间的要素。基底植物主要是草坪及低矮的草本植物，通常采用坡地来塑造地形，呈现起伏变化和动态特性，易于表现自然之趣。

缀花草坪

缀花草坪指点缀配置草本花卉组成的观赏性草地。

缀花草坪常用多年生球根或宿根植物，如蒲公英、水仙、鸢尾、石蒜、丛生福禄考、马蔺、玉簪、葱兰、韭兰、二月兰、红花酢浆草、紫花地丁等，其种植占比一般不超过草坪总面积的 1/3。

缀花草坪起源于中世纪至 18 世纪，英国人在牧场和干草草地的生产中，发现了野花草甸的不同之美，景观设计师尝试将其应用在园林设计中；19 世纪末至 20 世纪中叶，受生态种植理念的影响，不仅追求营造自然的花草景观，同时追求景观的文化意义和生态效益；20 世纪中叶至今，运用草花混播技术，采用乡土植物构成野花草地景观，体现了植物景观与自然生态结合的方式。

缀花草坪中的花卉是以禾本科草坪为依托的，因此对草种的选择非常重要。从性状角度讲，应该选择根系发达、适宜粗放管理、绿期尽量长且低矮的品种。此外，应选择返绿期稍晚于草本花卉发芽期的品种，以免影响花卉的萌芽。建议使用乡土草种，在北方地区可选择野牛草、大羊胡子草、小羊胡子草、结缕草等品种，南方地区可选用矮生杂交狗牙根、沟叶结缕草、细叶结缕草、假俭草等。

缀花草坪与普通草坪相比，其色彩丰富、花期交错，满足了人们的视觉审美要求，丰富了草坪的季相景观效果。此外，缀花草坪的植被形式野趣，迎合了人们接近自然、释放自我的心理需求。缀花草坪所选用的花卉品种大多具有很强的抗逆性或自播能力，养护简单，生态效益显著。因此，缀花草坪越来越受到人们的喜爱。

灌丛草坪

灌丛草坪指在以卜层草本植物为主体的基础上，利用不同的栽植手法配置一定比例的灌木，形成区域性空间隔离效果的植物造景形式。

灌丛草坪具有区块特异性、灌木观赏性、空间私密性等特点，是游人倾向选择的活动场地。

草坪草主要以粗放管理、耐践踏的草种为主，有马尼拉、中华结缕草、杂交狗牙根、高羊茅、草地早熟禾等。灌木应用种类较多，栽植手法多样，可以孤植、对植、丛植、列植、群植等。

灌丛草坪的灌木选择要基于不同目的，如在草坪上形成优美的灌草景观，需种植观花、观叶或观果价值较高的灌木，如垂丝海棠、石榴、碧桃、樱花、紫叶李、蜡梅、桂花、元宝枫、火棘等。要发挥树丛的空间隔离作用，最好选用分枝点低的常绿乔木，或者枝叶发达、枝条开展度较小的灌木类，如大叶黄杨、瓜子黄杨、金叶女贞、小叶女贞、小蜡、杜鹃、紫薇、平枝枸子、贴梗海棠、棣棠、南天竹等。从背景配置上考虑，则离不开背景树丛的陪衬，并在树冠形状、树高及风格上最好保持一致，常用的乔木、灌木有龙柏、铅笔柏、凤尾竹、海桐、红叶石楠、日本珊瑚树等。

游憩草坪

游憩草坪指在以下层草本植物为主体的基础上，以植物为空间界定和造景元素，结合不同层次的乔木、灌木配置，形成不同开敞程度和私密性游憩空间的植物造景形式，以满足游人静态、动态等多种游憩需要，多用于公园、风景区、居住小区、庭院及休闲广场。

游憩草坪是草坪景观的一种类型，兼具美观实用的景观效果和舒适、亲近自然的游览体验。

厦门园林植物园游憩草坪

建植游憩草坪应选择抗性强、耐践踏、耐瘠薄、耐粗放管理的草坪草种，如狗牙根、杂交狗牙根、日本结缕草、沟叶结缕草、假俭草、高羊茅等。草种选择时要注意选用当地适用的品种，在考虑充分发挥草坪游憩功能外，还要考虑草坪的观赏性和再次使用能力。

游憩草坪主要由植物个体或群体作为草坪空间不同平面的限定要素，植物配置方式由低矮灌木、地被植物为主到不断增加的大乔木，增强对空间的限定性，并减少开敞性。

游憩草坪可以满足游人晨练、散步、放风筝和游戏等动态游憩活动，主要发生在开敞式和半开敞式游憩型草坪空间；或者满足游人下棋、观赏风景等静态游憩活动，主要发生在封闭式及覆盖式游憩型草坪空间。草坪的游憩路线应注意与整个场地道路交通系统的合理衔接，根据设计需要，在注重可达性的同时避免过多的交通流线。游憩草坪以人为本，结合不同游憩场所的需求，如在公园中适当设置开敞性动态游憩草坪，在小区等环境中则追求安静平和与舒适性，倾向于半开敞性等以满足静态游憩活动为主的草坪。

观赏草坪

观赏草坪指在园林绿地中专供景色欣赏的草坪。又称装饰性草坪。

观赏草坪常建植在广场雕像、喷泉周围和建筑物前作为前景装饰和陪衬景观，如茵似毯，一般不允许入内践踏，对栽培管理和养护的要求较高。观赏草坪在功能和养护管理上与运动场草坪有很大差异。

观赏草坪的营造主要分为营造地准备、草坪草选择、灌溉系统建立、种植等步骤。大多数草坪的草种类型都喜在中性微偏酸的沙质土壤生长，建植有撒播、条播、分根移栽、切茎撒栽和直铺等方式，直铺是最常用的快捷方式，而播种则可以根据需要进行混播，延长草坪的观赏期，提高观赏效果。

均匀修剪是草坪养护中最重要的环节，草坪草经过多次修剪，不仅根茎发达，覆盖能力强，而且低矮，叶片变细，其观赏价值提高。修剪期一般在 3～10 月，遇暖冬也要修剪。修剪次数取决于草坪生长速度，高质量的观赏草坪每年修剪达数十次甚至上百次。通常 5～6 月份是草坪生长最旺盛的时期，每周需修剪 1～2 次。一般观赏草坪最佳修剪高度为 2.5 厘米，但在土质较黏地块上为 3～4.5 厘米，在盛夏干旱情况下则为 5～6 厘米。草坪被修剪次数越多，带走的营养越多，因此必须及时补充足够的营养，以恢复生长。草坪施肥一般以施氮肥为主，兼施复合肥，观赏草坪每年施 4～5 次，秋肥尤为重要。一般在高温干旱季节每周浇水一次，以保证有足够的水分供其生长。杂草防治方面，中国草坪杂草以禾本科杂草和菊科杂草的种类最多，其防治主要采用人工机械法、化学法和生物防治法，在具体实践中综合运用，以达到最佳的效果。

高尔夫球场草坪

高尔夫球场草坪指人工精细草坪（果岭、发球台）和半人工天然草坪（球道）组成的用于打高尔夫球的场地。

高尔夫球对草坪的物理性状要求很高，需要品质高、管理极精细的草坪。

果岭是高尔夫球场草坪最重要的组成部分，其质量的好坏直接影响球场的质量和声誉。所选用的草种必须生长缓慢，具有匍匐生长习性，叶片直立；能耐低修剪，一般要求 5 毫米以下；草坪密度高；叶片质地细腻、均匀；无明显的草坪纹理和枯草层；受损后的恢复能力强。在美国冷型地区、过渡地带和暖型地区的北部区域尤其是干旱地区，主要采用翦股颖属的匍匐翦股颖，偶用细弱翦股颖等；在南方温暖湿润地区常采用杂交狗牙根，但品质不如翦股颖；在日本也偶用沟叶结缕草，但品质不如杂交狗牙根。

发球台的草种应具有较矮的或匍匐的生长特性，具备承受 8～20 毫米的剪草高度的低修剪、耐践踏性、耐土壤板结和快速恢复能力，草坪紧密结实能保证球员的挥杆稳定性。匍匐剪股颖和草地早熟禾是温带和寒冷地区应用最广的发球台冷季型草种，而狗牙根则是在温暖地带应用最多。

球道草坪要求有较高的密度及耐低修剪的能力，耐 13～20 毫米的剪草高度；枯草层少；恢复能力强；耐土壤板结和践踏；快速建植等。根据气候叫选用的草种较广泛，如匍匐剪股颖、草地早熟禾、多年生黑麦草、紫羊茅、结缕草、狗牙根、野牛草等。

高草区应使草坪保持较高的剪草高度和适中的密度；选用直立生长的草坪草，使草丛比周围的裸地高 25～50 毫米；选用容易形成草皮的草种。在寒冷、潮湿和干旱地区，

高尔夫球场草坪

最常用的是草地早熟禾和紫羊茅或邱氏羊茅混合。在温暖地区，可用普通狗牙根、杂交狗牙根、结缕草、假俭草、钝叶草、地毯草；干旱过渡带还可用冰草、画眉草等。

运动场草坪

运动场草坪指专供体育活动的人工草地。

赛马草坪跑道，足球、网球、高尔夫球、滚木球、曲棍球、马球、橄榄球、射击、垒球、板球草坪场及儿童游戏活动草坪等，都属于运动场草坪。

各类运动场地草坪宜选用适应于本项体育运动特点的草坪草种类。通常运动场草坪应具有耐践踏、耐频繁修剪、根系发达、再生力强的特点。一般应是多种草坪草组成的混播草地，但有些特种运动如高尔夫球等，也要求高度均一的单一草坪草用于果岭和发球台等。

固土护坡草坪

固土护坡草坪指种植具有固土护坡作用的草本植物及小灌木的草坪。

栽种护坡植物的地段通常不供游人活动，故对地上部分的高度一般无特殊要求。可以用于固土护坡的草坪草种类很多，要求抗性强，在山坡瘠地抗旱耐寒能力强，在林下树丛间耐阴性强，在湖泊水旁要耐水湿等；栽种后能通过种子或根茎迅速自播蔓延扩大，并在较长年限内生长稳定；对人畜（包括鱼、贝类）无毒害，无特殊气味；对有害气体有一定的抗性；有一定的季相变化和观赏价值；最好还可以作为饲料、药材、纤维或蜜源等。根据不同的地区及立地条件，可选用狗牙根、结缕草、假俭草、野牛草、巴哈雀稗等耐高温、耐干旱、耐贫瘠的暖季型草坪草，也可选用高羊茅、草地

河边固土护坡草坪

早熟禾、小糠草等冷季型草坪草，还可选用紫花苜蓿、白三叶草、无芒雀麦、偃麦草、香根草、芦苇，甚至小灌木如紫穗槐、沙棘、枸杞、胡枝子等。

固土护坡草坪能防止水土流失的原理是草皮形成的"生物毯"能将雨滴对表土的击溅作用减至最低，大幅度降低地表径流的冲蚀速度；草坪具有高度的地表覆盖和致密的根层，能形成"生物坝"或"生物墙"，可有效拦截表土径流与砂石，防止水土流失。

缓坡草坪

缓坡草坪指以开阔、略有起伏的草坡为底色，应用孤植、丛植等栽植手法配置雪松、龙柏、月季、杜鹃等植物的植物造景形式。

缓坡草坪起源于英国自然风景园，坡度一般在 3% ~ 10%，因为坡度小，需地形变化丰富、场地占地大，以形成较大面积的活动面，供游人进入开展各类活动，如放风筝、踢毽子、球类活动、草地野餐等，满足人们回归自然、亲近自然的愿望。

中国公园中此类典型的缓坡草坪有杭州花港观鱼公园雪松大草坪、深圳莲花山公园南面的缓坡大草坪等。宜根据立地条件选择适宜的草坪草种，以耐粗放管理、耐践踏的种类为佳，如结缕草、中华结缕草、普通狗牙根等，冷凉气候下也可选用高羊茅等。因草坪草总体耐阴性不强，故草坪与乔木、灌木的边界处宜配置耐阴性强的地被植物以形成稳定平缓的过渡。

第 **6** 章
花卉配置

花　境

花境指以宿根花卉、花灌木等多年生观花植物为主要材料，以自然带状或斑状的形式混合种植于林缘、路缘、墙垣、草坪或庭院，在植株群体形态、色彩和季相上达到自然和谐的园林植物造景形式。

◆ 沿革

花境起源于西方。19 世纪 30 年代至 40 年代的英国已出现草本花境，英国中部的阿利庄园是标志草本花境产生的主要代表。在 19 世纪下半叶的工艺美术运动影响下，以 G. 杰基尔（Gertrude Jekyll，1843～1932）为代表的英国造园师创造了诸多经典的花境和花园。英国造园家 C. 劳埃德（Christophor Lioyd，1938～　　）、美国园艺学家和造景专家 T. 迪萨巴托－奥斯特（Tracy DiSabato-Aust，1959～　　）首次提出了"混合花境"的概念，即以草本植物和木本植物为素材，以攀缘植物、观赏草为框景植物，选用一二年生花卉、宿根草本和球根花卉作为春夏季主要开花植物，将不同质地、株形和色彩的植物混合配植，以营造周年变化的造景形式。

中国自 20 世纪 80 年代开始出现花境，发展至今约 40 年历史。花境最早由西安植物园、上海植物园等大量引进国外新优的宿根花卉园艺品种，并在试验种植时组合配植，显现雏形。20世纪90年代，城市园林中利用花境丰富园林绿地，花境这一形式逐渐在北京、上海、杭州等城市绿地中应用。进入21世纪以后，国内城市绿地建设开始推广花境，尤其自2010年后，花境应用面积增长迅速，花境应用范围不断扩大，从公园绿地到道路绿地，从居住区绿地到单位附属绿地，从城市绿地扩展到乡村环境美化，并涌现一批花境植物专门生产企业。2016年唐山世界园艺博览会、2016年杭州G20峰会以及2019年北京世界园艺博览会等重大活动，均极大地提升了花境的影响力，推动了花境在中国城乡环境绿化与美化建设中的普及应用。

◆ 应用形式的独特性

花境是重要的花卉应用形式，与花坛、花带、花丛、花群、花田和花海等花卉应用形式有所不同。

花境与花坛

在植物材料上，花坛以株型低矮、开花整齐、花期集中、花色鲜明的一二年生花卉为主，而花境则以宿根花卉为主，结合各类花灌木、球根花卉和一二年生花卉。

在构图上，花坛通常有几何形轮廓，较为规整，表现为对比鲜明的色块组合，讲究平面图案，而花境在平面上的外形轮廓一般呈带状或不规则状，在立面上高低错落，而且季相变化丰富，能展现植物在自然生境中的群体美。

在园林应用上，花坛多应用于城市广场、道路交通岛、公园入口处等，成景快速，但为了保证观花效果，每季均需要换花，而花境常用于布置林缘、路缘、庭院、草坪或建筑物旁，由于多年生花卉能自然更替生长，虽建植成景较慢，但不需换花，管理成本相对降低。

花境与花带

因为花境通常布置为自然带状形式，所以与花带的概念更易混淆。两者的主要区别在于花境必须有错落有致的立面景观效果，而花带则无此严格要求，只是强调花卉的带状布置。在用材和季相上，花带多以单一的开花植物为主，季相要求不严；而花境更注重植物的多样性、季相的丰富性。

花境与花丛、花群

花丛、花群通常指由某一类花卉植物以丛植或群植的种植形式，形成局部区域的整体观花景观，不要求物种的丰富多样，也不需背景植物，常布置在醒目的开敞地、路缘、园路岔口、建筑物旁或庭院一隅，作点缀之用；而花境由多种开花植物配置，具明显的植物多样性，通常与周围草地衔接或有乔灌木做背景，可独立成景，富有动态变化。

花境与花田、花海

花田是指生产性或模拟生产性花卉，种植在大面积的田块、垄地上，主要体现农耕肌理。花海是自然或人工成景的盛花植物景观，在人的视线范围内，呈现出色彩绚丽、开阔壮观、整体感强的景象，注重体现花的海洋，强调的是体量感。花海或花田通常是单一花卉，也可以是多种花卉，在植物材料上均需具备观花效果好、群体花期集中的特性，在尺度上都是强调花卉的大面积应用。与花海、花田明显不同的是，花境不强调面积，不适合远眺，是以多样性的精致植物配置为要义。

◆ **类型**

花境的分类方式很多，可根据植物材料、应用场景、观赏特性或环境条件等因素进行分类。花境分类应遵从同一个分类标准，同一花境根据不同分类标准可归属于多种形式。

花境依构景的主要植物材料，可以分为草本花境、混合花境、观赏草花境、针叶树花境、野花花境、专类植物花境等，其中草本花境和混合花境是长期以来的主要应用形式，观赏草花境和专类植物花境则是新兴的花境形式，尤为展现观赏植物品种多样性。

根据应用场景的不同，可分为林缘花境、路缘花境、墙垣花境、草坪花境、滨水花境、庭院花境等，其中林缘花境、路缘花境、墙垣花境多为带状布置，草坪花境常以独立式布置为主。

根据花期，可分为早春花境、春夏花境和秋冬花境。

根据立地条件不同，可分为阳地花境、阴地花境、黏土花境、砂土花境、湿地花境等多种形式。

根据观赏角度不同，可分为单面观花境、双面观花境、四面观花境、列式花境。单面观花境常以建筑物、矮墙、树丛、绿篱等为背景，植物配置在整体上呈现前低后高的层次，主立面清晰，供游人单面观赏。双面观花境通常没有背景，多设置在草坪、道路或树丛间，种植呈中间高、两侧低，可供游人从两侧观赏。四面观花境则是四周开敞或有园路，能从四面观赏。列式花境又称对应式花境，通常布置在园路或草坪两侧，体现队列式的花境景观，让游人徜徉、沉浸其中。

◆ **营造**

花境营造需要考虑植物材料选择和色彩、株形及季相配置等因素。植物材料应选择适应性强、成景快、花期长或观赏期长的多年生植物，并尽可能选择抗性强的乡土植物或经实践证明适宜当地气候条件的引进植物，尤其要重视宿根花卉的应用。花境营造要求各类花灌木和多年生草本植物的生态配置，既能表现植物个体的自然美，又能展示植物组合的群体美。

国内有学者从应用角度将花境植物材料分为骨架植物、主调植物和填充植物三类。对花境构图起结构性、框架性作用的花灌木和大丛草本称为骨架植物，常用如蓝冰柏、红千层、金边胡颓子、圆锥绣球、斑茅、蒲苇等。在花境中呈现主要色彩或主题风格，且用量占比最大的宿根花卉和花灌木称为主调植物，常用如柳叶马鞭草、鼠尾草类、萱草类、鸢尾类、观赏草类、金光菊、松果菊、八仙花、金叶莸等。作为花境前景或植物组团过渡的低矮型或开展型植物称为填充植物，常用如玉簪类、矾根类、酢浆草类、美女樱类、石菖蒲类、花烟草、海石竹等。

◆ **特性**

花境的长效性是其本质属性，即由多年生植物构成稳定的人工植物群落，以展现生生不息的植物自然状态。花园设计师 P. 奥多夫（Piet Oudolf，1944～　）最早提出"Long-term plant performance"概念，花境体现的是多年生植物的自然属性和生命力，枯荣交替的演绎，本身就是一个动态的变化景观。植株的花、叶、果，群落整体观赏期的季相变化，都体现了可持续的景观特色。

花境是自然式的植物造景艺术，不仅符合人们对回归自然、崇尚自然的需求，更符合生态城乡人居环境建设对生物多样性和景观多样性的要求，具有重要的应用价值和广阔的发展前景。

花　径

花径指两侧种植观花植物的小路。

唐代诗人杜甫《客至》诗"花径不曾缘客扫，蓬门今始为君开"中的"花径"便是指长满花草的庭院小路。

在花园设计中，花径也是花园中的重要节点。营造花园常采用生态型的材质用于铺设小径，如碎石、鹅卵石、石砖、木板或枕木、树皮等。常用不规则的、大小适中的碎石铺成碎石路，或用鹅卵石和小碎石搭配铺设路面，或用玄武岩石、板岩、砾石填充在有边框的石阶里，路径设置尽量体现自然生态。

花径的风格选择取决于花园的整体风格。规则的绿篱模纹花园中，花径需要搭配石砖等较为规整的铺装，整齐有序。古典花园可选择用手工打造的菱形拼图路径，材质上尽量选择反差较大的颜色，会更富有趣味性。现代花园则拥有更多的多样性设计，可以随意想象不同材质之间的碰撞，但也要注意各元素之间的融洽和谐。例如采用石板与水泥交替铺设个性化的铺装路径，或在砾石路径中穿插几块石板或木材等自然资材，或在石缝中镶嵌种植矮生宿根花卉如矮麦冬、过路黄等展现乡野气息。在乡村花园中，常以草坪或碎石路作为引导人们从花园入口走向家门口的花径，两侧种满茂密的开花植物，如老鹳草、刺芹或浪漫的月季。

　　宿根花卉和花灌木是营造花径最常用的植物材料，如杜鹃花、月季、绣球、报春花、风铃草、宿根福禄考、花葱、波斯菊、百子莲、葱兰、韭兰等。而运用花茎直立高大的蜀葵、毛地黄、毛蕊花等植物，可在狭长的花径中使景观空间更富有层次感。

花　坛

　　花坛指在具有几何形轮廓的植床内对观赏花卉规则式种植的配置方式，运用花卉的群体效果来体现图案纹样，或观赏盛花时绚丽景观的一种花卉应用形式。

◆ 沿革

　　花坛是一种古老的花卉应用形式，源于古罗马时代的文人园林，16世纪在意大利园林中广泛应用，17世纪在法国凡尔赛宫中达到了高潮。早期的花坛具有固定地点，几何形植床边缘用砖或石头镶嵌，形成花坛的周界。随着时代变迁和文化交流，花坛形式也在变化和拓宽，由最初的平面地床或沉床（花坛植床稍低于地面）花坛拓展出斜面、立面及活动式等多种类型。现代工业的发展，也为花坛施工技术的提高、盆钵育苗方法的改进提供了可能性，使得许多在花坛上的花卉应用新设想得以实现，为这一古老的花卉应用形式带来了新的生机。

◆ 作用

　　花坛是公园、广场、街道绿地，以及工厂、机关、学校等绿化布置中的重点，虽占地不多，但对于美化环境、活跃气氛、提高绿化效果有着突出的作用。从美化环境的作用来看，设置色彩鲜艳的花坛，可以打破建筑物所造成的沉闷感，带来蓬勃生机。在公园、风景名胜区、游览地布置花坛，不仅美化环境，还可形成景点。花坛设置在建筑墙基、喷泉、水池、雕塑、广告牌等的边缘或四周，可使主体醒目突出，富有生气。在剧院、商场、图书馆、广场等公共场合设置花坛，可以很好地装饰环境。若设计成有主题思想的花坛，还能起到宣传作用。从实用性作用来看，花坛则具有组织交通、划分空间的功能。如交通环岛、开阔的广场、草坪等处均可设置花坛，用来分隔空间和组织游览路线。

◆ 分类

由于对植物的观赏要求不同，以表现主题分类，花坛可分为盛花花坛（花丛花坛）、横纹式花坛（包含毛毡花坛、彩结花坛、浮雕花坛）、标题式花坛、装饰物花坛、立体造型花坛、混合式花坛、造景式花坛等；根据季节可分为早春花坛、夏季花坛、秋季花坛、冬季花坛，以及永久性花坛等；根据花坛的规划类型可分为独立花坛、花坛群和带状花坛等多种形式。

◆ 设计原则

花坛主要表现的是花卉组成的平面精美图案纹样或华丽鲜艳的色彩美，不着重表现花卉个体的形态美；且多以时令性花卉为主体材料，并随季节更换，以保证最佳的景观装饰效果。

花坛一般选择同期开放的多种花卉，或不同颜色的同种花卉，通常以一二年生花卉为主，也可选择多年生的宿根或球根花卉，主要表现色彩美；若以表现图案美为主，则多采用植株低矮、枝叶细密、萌发性强、耐修剪的观叶植物，如瓜子黄杨、金叶女贞等。以观花为主的花坛，由于各种花卉都有一定的花期，要使花坛一年四季有花，就必须根据季节和花期经常进行更换。

在花坛设计中，色彩设计最为重要。花坛一般应有一个主调色彩，其他颜色的花卉则起着勾画图案线条轮廓的作用，以使花坛的色彩主次分明。花坛的图案设计也应主次分明、简洁美观，切忌在花坛布置复杂的图案和等量分布过多的色彩。花坛设计和陈设是一项艺术活动，应遵循相关的艺术规律才能设计出美丽的花坛，同时还应考虑生态效益。

相比其他的花卉应用形式，花坛不仅建设费用高，而且需要较高的维护管理。因此，设计花坛时，应本着节约性原则，风格宜简约大方。

花 带

花带指以花卉为主的观赏植物呈带状种植的地段，强调花卉的带状布置，宽度一般在 1 米左右，长度大于宽度的三倍以上。又称带状花坛。

花带可设于道路中央或两侧、水景岸边、建筑物的墙基或草坪的边缘等处，形成色彩鲜艳、装饰性较强的连续构图景观。

花带按栽种方式可分为规则式和自然式两种。规则式花带，花卉的株距相等，成行成列；自然式花带，株距不等，条状栽植，显出自然美。

按植物材料可分为专类花带和混合花带。专类花带，即由一种或一类的观花植物组成的花带，如杜鹃花带、月季花带、绣球花带、郁金香花带、鸢尾花带、百合花带、菊花花带、水仙花带等，还可选用如绣线菊类、五色梅、柳叶马鞭草、翠芦莉、金光菊等花期长、花色明艳的植物。这类花带设计时，可结合同一种类的不同品种，花色多样，可体现更好的景观效果。混合花带，即由几种或几类花卉组成的连续线性观花景观，构成装饰图案。这类花带设计时，需根据花卉的生物学特性、生态习性进行合理配植，通常以某一种花卉为主调，配合其他花卉种类或品种，并要求这几类花卉开花繁茂、花期一致。混合花带可采用自然方式设计与种植。

第**7**章

大地植物景观

中国木兰围场

木兰围场指中国清朝皇帝塞外狩猎、训练八旗精兵的军事、政治重地。

"木兰围场"的建立，对于控制蒙古、巩固边防和震慑沙俄具有重大军事意义。

木兰围场在汉文资料中最早被称为"哨鹿所"，一幅清康熙（1662～1722）年间绘制的内蒙古地图中，明确标示了"哨鹿所"，位于大兴安岭西南端的东侧，东邻翁牛特旗，反映的是始建于康熙二十二年（1683）的"木兰围场的雏形"。

"木兰"作为围场名称，在清代汉文史籍中，于康熙三十四年已经出现。《清朝文献通考》亦载："木兰者，围场之总名也。"在此后的演变过程中，木兰围场演化为一个有确切范围的地名。乾隆《钦定热河志》载：木兰围场"地在蒙古各部落中，周一千三百余里，南北二百余里，东西三百余里"。严格意义的木兰围场是在乾隆（1736～1795）时期才形成并固定下来的，对木兰围场边界严格管理，使其成为皇家禁地，地域范围缩小，大约相当于今河北承德的围场县。

近代的木兰围场，自同治（1862～1874）年间至中华人民共和国成立的80余年间，经过三次"放垦开荒"，其生态环境日趋恶化。1949年，围场天然林只剩下72万亩，森林覆盖率仅为5%。中华人民共和国成立后，积极开展人工造林和森林保育工作。截至2007年末，围场域内森林面积已达696万亩，其中天然林236万亩，人工造林面积460万亩，森林覆盖率为50.3%。境域内的植物有170余科、470余属、1100余种或变种，植物多样性丰富。

现今的木兰围场地处冀北山地和内蒙古高原的过渡地带，有"坝下""接坝""坝上"三大地形区域，平均海拔约1500米。历史上的皇家猎苑主要由现在的塞罕坝国家森林公园、红松洼自然景观保护区和御道口草原森林风景区三大旅游风景区组成。

中国贵州百里杜鹃

贵州百里杜鹃是一座规模宏伟的天然花园。呈月牙形分布，为天然的杜鹃花海，而得名"百里杜鹃"。

贵州百里杜鹃位于中国贵州西北部，毕节市中部，百里杜鹃景区总面积6万余公顷；1987年4月，被贵州省人民政府列为省级风景名胜区；1993年5月，被列为贵州省"十大风景名胜区"之一；2001年，被列为地区级自然保护区；2013年，被列为国家5A级旅游景区。

贵州百里杜鹃花

百里杜鹃林带呈环状分

布，延绵 50 余千米，宽 1000 ～ 5000 米，总面积 12580 公顷。杜鹃花种类十分丰富，有马缨杜鹃、树型杜鹃、狭叶马缨杜鹃、美容杜鹃、大白花杜鹃、露珠杜鹃、团花杜鹃、迷人杜鹃、银叶杜鹃、皱皮杜鹃、锈叶杜鹃、问客杜鹃、腺萼马银花、多花杜鹃、映山红、锦绣杜鹃、贵定杜鹃、暗绿杜鹃、映山红变种、落叶杜鹃、水红杜鹃、百合杜鹃、多头杜鹃等 60 余种，占贵州省杜鹃花资源的 45.6%，占世界杜鹃花种属 5 个亚属中的全部。杜鹃花色多样，有鲜红、粉红、紫、金黄、淡黄、雪白、淡白、淡绿等。最为难得的是一树不同花，即一棵树上开出不同颜色的花朵，最多的达 7 种之多。

花期在每年 3 月中下旬到 4 月底次第开放，百里花山色彩缤纷，犹如广袤的锦缎华章铺山盖岭、百态千姿。百里杜鹃被誉为"世界上最大的天然花园"。

年龄最长的杜鹃花王已有 1200 年的历史，仍能年年开花。花开季节繁花万朵、独树成春。年龄在百年以上的杜鹃花比比皆是。

依托特有的杜鹃花资源，经典的景区有黄坪"十里杜鹃"、百里杜鹃大草原、百里杜鹃湖、米底河瀑布等。

中国湖北麻城杜鹃山

湖北麻城杜鹃山位于中国湖北省东北部麻城的龟山乡境内。龟山由龟头、龟腰、龟尾等 9 座山峰组成，方圆 100 多千米，最高峰海拔 1320 米。地形山势酷似一只昂首吞日的神龟而得名"龟山"，是大别山中的名山。因龟峰山拥有大面积的以映山红为主的古杜鹃群落，便称为麻城杜鹃山。

麻城共有 100 万亩古杜鹃，龟山风景区就有连片 10 万亩原生态古杜鹃群，是全国最大的杜鹃生态古群落。

2009 年 4 月 18 日，麻城杜鹃花以"中国面积最大的古杜鹃群"被上海大世界基尼斯纪录大全收录。麻城杜鹃山的杜鹃平均树龄在 100 年以上，最大的植株树冠冠径达 6 米，覆盖面积达 35 平方米左右。

中国伊犁昭苏花景

伊犁昭苏花景指由昭苏野生郁金香花海、油菜花田、薰衣草花海、天山红花以及紫苏花海等为代表形成的大地花景观。

◆ 概况

昭苏县位于中国新疆伊犁哈萨克自治州的西南部，特克斯－昭苏盆地西段，特克斯河横贯全境，是新疆境内唯一没有荒漠的县，是享誉疆内外的天马故乡。昭苏属高山半湿润性草原气候，冬长无夏，春秋相连，没有明显的四季之分，气候多变。昭苏草原位于山间盆地，是伊犁河谷降水最充沛的地方，生态环境独特，是中国四大草原之一。昭苏的大草原非常繁茂，野生植物资源丰富，贝母、马兰花、野罂粟，红、白、蓝、紫、黄色，各色野花大簇大片怒放。不少野花还是野生药材，如贝母、雪莲花、冬花、黄芪、柴胡、石花、大黄、木香花、甘草、车前、乌头、仙鹤草、秦艽等。

◆ 特色花景

昭苏主要花景包括野生郁金香花海、油菜花田、薰衣草花海、天山红花以及紫苏花海等。

野生郁金香花海。昭苏是新疆野生郁金香重要的分布地区，每年 4

月中旬左右开始，野生郁金香
渐次开放，成为草原上最早盛
开的花。由于草原保护措施加
强，昭苏草场的野生郁金香一
年比一年开得好。昭苏有世界
上面积最大的野生郁金香花海。

昭苏油菜花海

　　油菜花田。昭苏被誉为"中国油菜之乡"。每年 6、7 月，从昭苏
县城前往夏塔林场的路上，油菜花田遍布几十里。

　　薰衣草花海。中国伊犁与法国普罗旺斯地处同一纬度，非常适宜薰
衣草生长。伊犁昭苏有中国最大的薰衣草基地，并成为世界薰衣草八大
知名产地之一。6 月，薰衣草盛开。

　　天山红花花海。天山红花，即野生罂粟花，天山西部的伊犁大草原
是野生罂粟花的故乡。每年 5 月，盛开的天山红花映成了红色的花海。

　　紫苏花海。每年 7 月，昭苏高原万亩紫苏竞相怒放，全面进入盛花期。

中国亳州芍药花海

　　亳州芍药花海指中国安徽亳州成片栽植的药用芍药，每年开花季，
形成壮观的花海景观。

　　历史上，早在西周武王时期就在亳州区域发现有芍药野生种群。东
汉时期，华佗在药圃开始种植芍药。唐、宋、元、明、清以来亳州地区
涡河流域多有种植，渐成规模。据重印的乾隆二年（1737）《江南通志
（三）》（黄之隽等编著）记载："颍州府（注颍州辖亳）芍药，重台

茂密，芳香不散，以亳出者甲于四方。"清代诗人刘开咏芍药诗云："小黄城外芍药花，十里五里生朝霞。花前花后皆人家，家家种花如桑麻。"刘开在诗中用极长的篇幅赞美亳州芍药的艳美和药（食）用方法。

亳州芍药花开

中华人民共和国成立后，亳州芍药作为亳州主要的中药材品种得到快速发展，涡河两岸芍药种植面积达到数万亩。"文化大革命"时期，亳州芍药种植被当作资本主义尾巴，被大面积铲除，种植面积锐减到数千亩。改革开放时期，随着农村土地承包责任制的推行，亳州芍药得以恢复，1982年以来，种植面积逐年扩大到10万余亩。1993年，白芍饮片的价格暴涨，亳州芍药种植面积也迅速扩大到20万亩以上。亳州十九里、大寺、赵桥、十八里、魏岗、张集、芦庙、五马等乡镇均有万亩以上种植面积。21世纪以来，随着亳州世界中药之都地位的确立，亳州芍药种植面积得到大发展，种植面积达到30万亩，成为中国白芍的重要种植基地。亳州市政府自2014年以来每年举办芍药文化节，年接待游客达数百万人。2017年，建成了亳药花海休闲观光大世界。亳州依托中药材市场，结合药材生产打造芍药花海，带动了亳州的康养、观光旅游。

荷兰郁金香花田

荷兰郁金香花田指荷兰大面积生产性种植郁金香，每年春季开花时形成一望无际的大地植物景观。

郁金香种球生产采用的是籽球繁殖法，待开花后，将花摘除（荷兰广泛采用机械化摘花），以保证养分集中供应给地下鳞茎膨大发育所需。由于生产性种植是规则式的田块，开花时就形成壮丽的花带；也因为郁金香的品种丰富多样，开花时就呈现色彩斑斓的花田景观而举世闻名。

比较著名的郁金香花田有诺德维克、保罗娜、弗列弗兰、海姆斯泰德、丽兹、撒塞姆海姆等阿姆斯特丹以西地区。东北圩田拥有长达 100 千米的郁金香公路，仔普花田则是荷兰最大面积的连续花田。在荷兰众多的郁金香花田中，种植了 3000 余种郁金香品种，并伴随风信子、水仙等球根植物，形成壮丽的大地植物景观。

荷兰的郁金香花田种植面积在过去的 35 年中增长了 75%，北布拉邦、德伦特、上艾瑟尔和弗莱福兰等省是种植郁金香的主要省份。丽兹是荷兰郁金香产业的中心产地，每年种植郁金香达 30

荷兰郁金香花田

亿株，其中 2/3 用于出口，还拥有库肯霍夫公园，占地 28 公顷，是世界上最大的郁金香公园。

郁金香花田的形成根植于荷兰历史悠久、领先世界的郁金香产业。荷兰是世界农业大国，更是花卉王国，其鲜花出口占全球市场的 60%。郁金香是荷兰的国花，荷兰人对郁金香的热爱由来已久，从 17 世纪 30

年代荷兰黄金时代的郁金香热时一颗种球价值连城即可见一斑。除郁金香花田外，花车游行也是荷兰郁金香的一个亮丽呈现。

法国普罗旺斯薰衣草

法国普罗旺斯薰衣草指位于法国东南部普罗旺斯－阿尔卑斯－蓝色海岸大区，以薰衣草为主，进行大面积田间种植，形成繁花似海的景观效果。

广泛栽培的为杂交薰衣草，是狭叶薰衣草和宽叶薰衣草的杂交种。狭叶薰衣草种植地的海拔为 548 ～ 1280 米，而宽叶薰衣草种植地的海拔为 183 ～ 548 米，杂交种则种在海拔 457 ～ 548 米的地方。

薰衣草原产于古波斯地区，大约在 1850 年开始在普罗旺斯地区种植。1915 ～ 1940 年，薰衣草的种植面积迅速扩大，并达到了规模化生产，最终形成了世界上起步较早、发展较成熟的以花卉产业为主的花田景观。法国普罗旺斯薰衣草产业包括"花期—采后—加工—销售"的完整产业链。在花期（5 ～ 10 月，盛花期约为 6、7 月中旬）最大限度地开发其观赏价值，连片种植的薰衣草构成令人震撼的田园美景，营造出"花的海洋，香的世界"，吸引着全世界各地的游客。"普罗旺斯"一词几乎成为薰衣草的代名词。

法国普罗旺斯薰衣草

每年的 6 ～ 10 月，该地区举办"薰衣草节"及嘉年华。利用薰衣草采后加工，深度开发创意产品，如薰衣草食用品（蜂蜜、茶饮、香料等）、薰衣草干花制品、薰衣草精油及其衍生品、薰衣草工艺品等。此外，法国普罗旺斯和薰衣草还代表了一种简单无忧、轻松慵懒的生活方式，这种独特的生活方式由英国作家彼得·梅尔的《普罗旺斯的一年》等一系列著作向世人揭开。

日本北海道七彩花田

日本北海道七彩花田指位于日本北海道上川支厅辖区内南部富良野市富田农场内的花田景观。

在山地缓坡上种植薰衣草、东方罂粟、金盏菊、向日葵、波斯菊、鼠尾草等150多种时令花卉，有紫色、黄色、白色、粉色等颜色组合而成。

1903年，富田农场由现任农场主富田忠熊的父亲富田德马创立。1958年，富田忠雄因偶然机会见识了薰衣草之美，并从法国引种薰衣草进行种植，十多年后成为富良野地区大规模的薰衣草园。富田农场已成为富良野地区、北海道甚至整个日本最广为人知的花卉农场。园内种植的花卉也由昔日的薰衣草为主发展至150多种，在增加植物品种的同时延长了花田的观赏期，从丰富性

七彩花田

和持续性两个维度进行提升。农场分为五大花田，即花人之田、幸福花田、香水之田、薰衣草田和七彩花田。其中，七彩花田是广为人知且具代表性的。

本书编著者名单

编著者 （按姓氏笔画排列）

王　晖	王秀云	尹　豪	邓禄曾
史　琰	包志毅	任梓铭	刘　冰
苏　扬	李丹青	杨　凡	吴　昀
吴仁武	余昌明	张　琳	张佳平
陈其兵	陈胜洪	陈煜初	邵　锋
周　泓	夏宜平	柴明良	晏　海
龚仲幸	董　丽		